KB178997

아르키메데스가 들려주는 부력 이야기

아르키메데스가 들려주는 부력 이야기

초　판　1쇄 발행일 | 2005년 5월 30일
개정판　1쇄 발행일 | 2010년 9월 1일
개정판 16쇄 발행일 | 2021년 5월 28일

지은이 | 송은영
펴낸이 | 정은영
펴낸곳 | (주)자음과모음

출판등록 | 2001년 11월 28일 제2001-000259호
주　　소 | 04047 서울시 마포구 양화로6길 49
전　　화 | 편집부 (02)324-2347, 경영지원부 (02)325-6047
팩　　스 | 편집부 (02)324-2348, 경영지원부 (02)2648-1311
e-mail | jamoteen@jamobook.com

ISBN 978-89-544-2020-4 (44400)

• 잘못된 책은 교환해드립니다.

아르키메데스가
들려주는

부력 이야기

| 송은영 지음 |

|주|자음과모음

아르키메데스를 꿈꾸는 청소년을 위한 '부력' 이야기

세상에는 두 부류의 천재가 있다고 합니다.

한 부류는 창의적인 사고가 무척 기발하고 독창적이어서, 우리와 같은 평범한 사람들이 결코 따라갈 수 없는 천재입니다. 그리고 또 한 부류는 우리도 부단히 노력만 하면그와 같이 될 수 있을 것 같은 천재입니다.

앞의 예로는 아인슈타인이 대표적입니다. 이런 천재는 한 세기에 한 명 나올까 말까 한 천재적인 두뇌를 지니고 있는 사람으로, 인류 문명에 혁명적으로 새로운 물꼬를 터 주었지요. 그러면 우리도 될 수 있을 것 같은 천재들이 그 뒤를 이어서, 인류 문명에 새로운 활력을 왕성하게 불어넣어 줍니다.

창의적인 사고와 직접적인 연관이 있는 것이 '생각하는 힘'입니다. 생각하는 힘 없이 풍성한 발전을 기대할 수 없지요. 인류가 이만큼의 문명을 이룰 수 있었던 것은 다른 동물과는 분명히 차별되는 생각의 힘을 유감없이 발휘했기 때문입니다. 생각하는 힘은 그래서 아무리 칭찬을 해 주어도 지나치지 않지요. 이런 취지에서, 저는 창의적인 사고를 충분히 키울 수 있는 방향으로 글을 썼습니다.

이 책은 부력에 대해서 설명하고 있습니다. 부력이라고 하면 무조건 물과 연관짓는 경우가 많은데, 공기도 부력과 떼려야 뗄 수 없는 관계에 있습니다. 물과 공기에 부력이 왜 생기고, 물과 공기의 부력을 어떤 식으로 유용하게 이용해 왔는지를 읽어 나가면서 창의적인 생각의 필요성과 중요성도 함께 느껴 보시기 바랍니다.

빛진 마음이 들도록 한결같이 저를 지켜봐 주신 많은 분들과 이 책이 탄생한 기쁨을 함께 나누고 싶습니다. 끝으로 책을 예쁘게 만들어 주신 (주)자음과모음 식구들에게 감사의 마음을 전합니다.

송 은 영

차례

1 첫 번째 수업
물 도우미와 부력 ◦ 9

2 두 번째 수업
부력이 위로 작용하는 까닭 ◦ 21

3 세 번째 수업
유레카, 유레카 ◦ 39

4 네 번째 수업
아르키메데스의 원리 1 ◦ 55

5 다섯 번째 수업
아르키메데스의 원리 2 ◦ 73

6 여섯 번째 수업
유체와 파스칼의 원리 ○ 87

7 일곱 번째 수업
공기의 부력과 기구 ○ 103

8 여덟 번째 수업
열기구와 가스 기구 ○ 121

9 아홉 번째 수업
가고자 하는 방향으로 갈 수 있는 비행선 ○ 139

10 마지막 수업
비행선 폭발의 교훈 ○ 151

부록

과학자 소개 ○ 164
과학 연대표 ○ 166
체크, 핵심 내용 ○ 167
이슈, 현대 과학 ○ 168
찾아보기 ○ 170

첫 번째 수업

1

물 도우미와 부력

왜 물속에서는 돌을 가볍게 들어 올릴 수 있을까요?
물체를 위로 떠올려 주는 물에 대해 알아봅시다.

1

첫 번째 수업

물 도우미와 부력

교과 연계.		
	초등 과학 6-2	1. 물속에서의 무게와 압력
	중등 과학 1	7. 힘과 운동
	중등 과학 2	1. 여러 가지 운동
	고등 과학 1	2. 에너지
	고등 물리 I	1. 힘과 에너지
	고등 물리 II	1. 운동과 에너지

아르키메데스의 첫 번째 수업은 해변에서 시작되었다.

도우미는 물

햇살이 해변에 따갑게 내리쬐고 있네요. 씨름 선수가 비지땀을 비 오듯 흘리며 해변에서 체력 훈련을 하고 있군요. 모래사장에 놓인 돌을 들어 올리고 있습니다. 하지만 동작이 몹시 힘겨워 보이는군요.

모래사장에서 돌 들어 올리기가 끝나자, 이번에는 바다로 뛰어들었습니다. 그리고는 또다시 돌을

들어 올리네요. 모래사장에서 든 돌과 똑같은 것입니다. 그러나 이번에는 방금 전과는 사정이 다르군요. 돌을 들어 올리는 동작이 한결 가벼워진 느낌입니다.

왜 이렇게 다른 결과가 나오는 걸까요? 어째서 물속에서는 더 가볍게 돌을 들어 올릴 수 있는지 궁금하지 않으세요?

자, 그럼 그 궁금증을 사고 실험으로 풀어 보도록 해요.

사고 실험은 머릿속에서 하는 생각 실험이에요. 세계에서 가장 똑똑한 과학자인 아인슈타인 박사가 즐겨서 사용한 방법이랍니다. 아인슈타인은 사고 실험을 충분히 활용해서 그 유명한 상대성 이론을 만들어 내었지요.

사고 실험은 여러분을 창의성이 풍부한 사람으로 만들어 줄 것입니다. 사고 실험을 잘하면 여러분들도 아인슈타인 박사가 한 것처럼 훌륭한 발견과 발명을 거뜬히 해낼 수가 있지요.

사고 실험은 그만큼 의미 있는 것이에요.

자, 나도 머릿속으로 사고 실험을 할 테니까, 여러분도 각자 머릿속에서 사고 실험을 충실히 해 보세요.

내가 사고 실험하는 걸 아래에 적어 놓을게요. 그러나 내가 하는 사고 실험하고 반드시 똑같아야 할 필요는 없어요. 중요한 건 생각을 한다는 것이고, 거기에서 멋진 결과를 이끌어 낼 수 있느냐 하는 것이거든요.

자, 이제 우리 다 함께 사고 실험으로 들어가 보도록 해요.

씨름 선수가 모래사장과 물속에서 들어 올린 돌은 똑같은 것입니다. 그러니 돌의 무게가 다를 리 없지요.

그런데 씨름 선수가 모래사장과 물속에서 쓴 힘에는 왜 차이가 나는 걸까요?

씨름 선수가 물속에서는 왜 적은 힘으로도 돌을 들어 올릴 수 있는 걸까요?

씨름 선수가 물속에서 더 적은 힘을 쓰고도 돌을 들어 올릴 수 있는 건 도움이 있기 때문입니다.

여기서의 도움은 씨름 선수가 힘을 쓰는 쪽으로, 그러니까 아래에서 위쪽으로 더해지는 새로운 힘을 말한답니다. 짐수

레를 끌 때 뒤에서 밀어 주면, 한결 수월하게 수레를 끌 수 있는 것과 같은 이치이지요.

여러분도 사고 실험을 잘하고 있겠죠. 돌을 들어 올리는 것에 대한 사고 실험이 아직 다 끝나지 않았으니, 사고 실험을 계속하겠습니다.

힘이 더해졌다는 건 누군가가 힘을 썼다는 뜻입니다.
그러니 씨름 선수가 돌을 들어 올리는 쪽으로 누군가가 힘을 써 준 것이 틀림없습니다.
수레를 앞으로 끌 때 뒤에서 밀어 주면 더욱 쉽게 끌 수 있는 것처럼 말이지요.
그런데 아무리 찾아봐도 돌에 힘을 쓴 그 누군가가 보이지 않는군요.
제 시력이 나쁘지 않은데도 말이에요.
그렇다고 물고기 떼가 몰려와서 돌을 들어 올려 준 것도 아니네요.
씨름 선수가 돌을 들고 있는 주위에서 찾아볼 수 있는 건 오로지 투명한 물뿐입니다.
그러면 대체 무슨 힘이 씨름 선수가 돌을 들어 올리는 것을 도와주었다는 건가요?

물속에서 씨름 선수가 들고 있는 돌 주위로 도우미가 보이지 않는다고 해서, 거기에 투명 인간이 숨어 있다거나, 외계인이 술수를 부리고 있다고 생각해서는 절대 안 됩니다.

왜냐하면 이러한 생각은 결코 바람직하지 못한 행동이기 때문이지요. 이런 걸 '사이비 과학'이라고 해요.

사이비 과학을 하는 태도로는 자연에 꼭꼭 숨어 있는 진실한 답에 결코 다가갈 수가 없습니다. 합리적이고 논리적으로 생각을 하면서 의문을 잔뜩 품을 때, 자연이 숨기고 있는 진리가 우리에게 멋진 모습으로 나타나게 되거든요.

자꾸 어렵게만 생각하면 어려울 수밖에 없어요. 단순하게 생각해야 답이 쉽게 발견되는 경우가 종종 있지요. 물건을 어디에 두었는지 몰라서 하루 종일 찾았더니, 그 물건이 바로 코앞에 있던 경험을 해 본 적이 있을 거예요.

우리가 답을 찾으려는 이 경우도 '코앞에 있는 물건'과 같다고 생각하세요. 보이는 그대로 물음을 던지면 돼요. 돌을 들고 있는 씨름 선수의 주위로는 온통 물밖에 없으니, 그대로 질문하면 되는 겁니다. 이렇게 말이에요.

돌을 들어 올려 주는 도우미는 물이 아닐까?

그래요. 씨름 선수가 들고 있는 돌을 들어 올려 주는 것은 다름 아닌 물이랍니다. 물 스스로가 돌을 들어 올려 주는 도우미 구실을 충실히 해 주는 것이지요.

물은 아래에서 위로 물체를 떠올려 주는 힘을 지니고 있지요. 이러한 힘을 부력이라고 합니다.

부력을 처음으로 알아낸 과학자가 바로 나, 아르키메데스이지요.

내가 부력을 알아내기 전까지는 사람들마다 물체가 물속에서 뜨는 현상을 제각각으로 해석했습니다. 어떤 사람은 바다의 신이 도와주는 것이라 했고, 또 어떤 사람은 눈에 보이지 않는 그 무엇이 힘을 써 주는 것이라고도 했지요.

그러나 우리는 이제 알았어요. 그것은 귀신이나 외계인의 장난이 아닌 부력 때문이란 것을 말이에요.

부력과 중력

자, 여러분 물속에서는 부력 때문에 돌을 들어 올리기가 한결 수월하다는 것을 사고 실험으로 알아냈잖아요. 그런데도 궁금증이 완전히 가시질 않네요. 부력이 떠올려 주는 힘이니까, 씨름 선수가 물속에서 손을 놓아도 돌은 물 위로 떠올라 주어야 할 겁니다.

그런데 그런가요? 아닙니다. 씨름 선수가 돌에서 손을 떼는 순간 돌은 물속으로 사정없이 떨어져 내리지요. 이건 부력 이외에 또 다른 힘이 돌에 작용하고 있을지도 모른다는 의심을 품게 하지요.

그러면 그 새로운 힘이란 무엇일까요?

그 미지의 힘을 찾아 우리 다 같이 이번에도 사고 실험을 해 봐요.

씨름 선수가 물속에서 들고 있는 돌에는 부력만이 작용할까요?
부력은 위로 향하는 힘이지요.
그러므로 돌에 부력만이 작용한다면 물속에서 손을 떼고
돌을 가만히 놔 두면 돌이 자동으로 떠올라야 할 겁니다.
하지만 씨름 선수가 팔에 힘을 써서 돌을 힘껏 들어 올리지 않으면

돌은 물속으로 쑤욱 가라앉을 겁니다.

이것은 위로 올려 주는 부력과는 또 다른 힘이 돌에 작용하고 있다는 명백한 증거이겠지요.

그 힘은 부력과는 반대 방향으로 나타나는 힘일 겁니다.

그러니까 위에서 아래로 작용하는 힘일 거란 말이지요.

왜냐하면 돌에서 손을 떼면 돌이 아래쪽으로 사정없이 떨어지니까요.

그래요. 씨름 선수가 들고 있는 돌에는 부력 말고도 또 다른 힘이 작용하고 있습니다. 그것은 중력이지요.

중력은 지구가 물체를 중심 쪽으로 잡아당기는 힘입니다. 지구 중심 쪽이니까 땅에서 하늘로 올라가는 쪽과는 반대되는 방향이지요. 그래서 중력은 부력과 달리 위에서 아래로 작용하는 힘이랍니다.

중력은 지구가 뱅글뱅글 자전하고 공전하는데도, 책상이며 걸상이며 냉장고며 집이며 강아지며 자동차가 지구 밖으로 날아가지 않는 이유입니다. 그리고 사람이 땅을 디디고 돌

아다닐 수 있는 것도 모두가 지구의 중력 때문입니다.

지구에 중력이 없다면 우리 모두는 산소가 없는 우주 공간으로 날아가서 숨도 쉬지 못한 채 죽어 갈 것입니다.

물론 씨름 선수가 돌을 놓으면, 돌이 물속으로 쑤욱 내려가는 것도 다 지구의 중력 때문입니다.

그럼, 부력과 중력에 대해서 정리를 해 볼까요.

부력은 아래에서 위로 작용하고, 중력은 위에서 아래로 작용한다. 부력과 중력은 서로 반대쪽으로 작용하는 것이다.

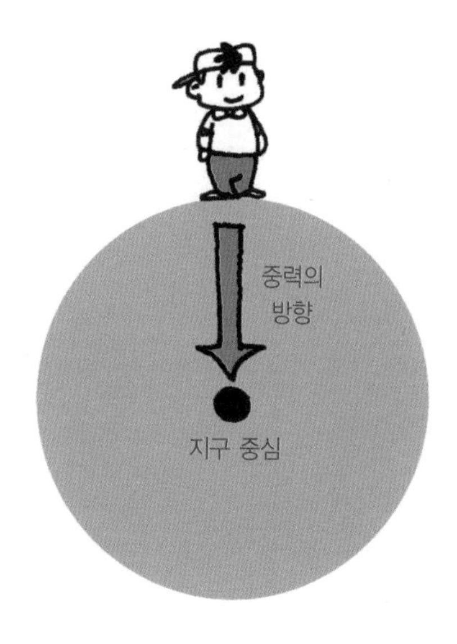

만화로 본문 읽기

와, 저 배 멋지다! 근데 저렇게 무겁고 큰 배가 어떻게 물 위에 떠 있는 거지?
배니까 당연히 물 위에 떠 있는 거지.

만약 저 배가 공중에 있다면 당연히 떨어질 텐데…. 혹시 누가 밑에서 받치고 있는 게 아닐까?
누가 물속에서 받치고 있다고 그래? 근데 진짜 어떻게 떠 있는 거지?

후~후, 사실은 어떤 것이 배를 떠받치고 있는 게 맞답니다.
정말요? 설마 인어나 외계인이…?

아니에요. 배를 떠받치고 있는 것은 물이랍니다.
물이요?

그래요. 물속에서는 무거운 물건도 쉽게 들 수 있잖아요. 그건 물이 물체를 들어 올려 주는 도우미 역할을 하기 때문이에요.

물은 아래에서 위로 물체를 떠올려 주는 힘인 부력을 지니고 있어요. 배도 이 부력에 의해 떠 있는 거랍니다.
와, 부력은 굉장하네요. 저런 큰 배도 띄울 수 있다니….

두 번째 수업 2

부력이 위로 작용하는 까닭

물속에서 부력이 생기지 않을 수는 없는 걸까요?
부력은 왜 항상 위로만 나타나는지 알아봅시다.

2

두 번째 수업

부력이 위로 작용하는 까닭

교과연계		
	초등 과학 6-2	1. 물속에서의 무게와 압력
	중등 과학 1	7. 힘과 운동
	중등 과학 2	1. 여러 가지 운동
	고등 과학 1	2. 에너지
	고등 물리 I	1. 힘과 에너지
	고등 물리 II	1. 운동과 에너지

아르키메데스가 더위에 붉게 상기된 얼굴로 수업을 시작했다.

부력은 왜 생길까?

날씨가 몹시 덥군요.

씨름 선수의 체력 훈련을 멀뚱히 지켜보고 있는 내 등으로도 이렇게 땀이 주룩주룩 흘러내릴 정도네요.

간단한 햇빛가리개라도 있으면 좋으련만, 작열하는 태양광을 그대로 받고 있으려니 숨이 콱콱 막히는 것 같아요.

안 되겠어요. 더는 이 무더위를 참기 어렵네요. 웃옷을 벗고 씨름 선수처럼 물속으로 풍덩 뛰어들어야겠어요.

아, 상쾌하군요.

이럴 줄 알았으면 좀 더 일찍 뛰어드는 건데.

앞 수업에서는 물이 부력이라는 힘을 갖고 있다는 사실을 배웠지요. 그 덕분에 물에서는 무거운 물건을 들어 올리기가 한결 수월하다는 사실도 알았고요.

내가 지금 배영을 하고 있잖아요. 물이 물체를 띄우는 힘을 지니고 있지 않으면, 그래서 위쪽으로 밀어 올려 주지 않으면 도저히 불가능한 수영 자세이지요.

그런데 말입니다. 이쯤 되면 여러분의 가슴 한복판에서 자연스레 생겨나는 궁금증이 있지 않나요?

어렵다고요? 아니, 너무 어렵게만 생각하지 마세요.

자연이 감추고 있는 비밀 찾기는 아주 쉬운 물음에서부터 시작하는 거예요. 하나하나 차근차근 해 나가다 보면 어느새 버거워 보이던 일을 다 끝내는 것과 같은 이치지요.

그리고 실제로도 자연 속에 꼭꼭 숨어 있는 진리는 아주 쉬운 모양을 하고 있어요. 알고 보면 절대로 복잡하지 않아요. 사람들이 어렵게 느끼도록 하기 위해서 겉보기에만 그냥 복잡해 보일 뿐이에요.

이제 생각났다고요?

부력은 왜 생기나요?

그래요, 바로 맞혔어요.

그러면 이제 이 의문의 답을 찾으러 또다시 사고 실험을 해야겠지요.

아참, 그런데 말이에요. 한 가지 덧붙이고 싶은 말이 있어요. 사고 실험이란 게 내가 머릿속에서 생각하는 것이잖아요. 그러니 글을 쓰듯이 논리적으로 전개하지 않아도 돼요. '부력은 왜 생기는 걸까'라는 의문에서 출발하여 보이는 대로 문제를 풀어 나가면 돼요.

앞 장에서 한 첫 번째 사고 실험을 예로 들어 보면, 다음과 같이 해도 된다는 말이에요.

씨름 선수가 모래사장과 물속에서 들어 올린 돌은 똑같은 것이다.
그러니 돌의 무게는 똑같다.
그런데 씨름 선수가 모래사장과 물속에서 쓴 힘에는 왜 차이가 나는 걸까?
씨름 선수가 물에서는 왜 적은 힘으로도 돌을 들어 올릴 수 있는 걸까?

그런데 내가 사고 실험을 설명하듯이 한 것은 여러분이 좀 더 친근하게 사고 실험에 다가설 수 있게 하기 위해서였어요.

그럼, 이제 사고 실험을 하러 우리 다 함께 떠나 볼까요.

내 몸이 둥둥 뜨네요.

부력이 작용하는 결과예요.

그런데 부력은 왜 생기는 걸까요?

물속에서 부력이 생기지 않을 수는 없는 걸까요?

그리고 부력은 왜 항상 위로만 작용하는 걸까요?

중력처럼 위에서 아래로 작용해서는 안 되는 걸까요?

나는 지금 여러분에게 물속에서 예외 없이 부력이 생기는 이유와 부력은 왜 항상 위로만 작용하는지 묻고 있는 거예요.

물이 가하는 힘, 수압

앞에서는 사고 실험의 포문을 연 거예요. 그러니 여기서는 그 답을 차근차근 찾아 나가야 할 거예요.

아, 배영 자세를 너무 오랫동안 취하고 있었더니 몸이 좀……. 저기 키득키득 웃는 학생, 웃지 마세요. 여러분도 나처럼 이렇게 나이가 들면 몸이 힘들어져요.

건강은 건강할 때 지키라는 말, 꼭 명심하세요.

배영 자세에서 몸을 뒤집어 보겠어요. 그러고는 물속으로 잠수를 해 보겠어요. 내 발뒤꿈치가 잠기는 게 보이지요. 내 몸이 점점 물속으로 깊이 빠져들어 가고 있어요. 1m, 2m, 3m…….

숨이 차기도 하지만 무엇인가가 나를 사방에서 막 누르는 것 같아서 더는 아래로 내려가기 힘드네요. 방향을 바꾸어서 다시 올라와야겠어요.

우리가 아무 생각 없이 내뱉고 있지만, 공기가 이렇게 소중한 것이라는 걸 잠수를 할 때면 늘 느끼곤 해요.

여러분도 지금 내가 한 것과 비슷한 경험을 해 본 적이 있을 거예요. 물속으로 들어갔다가 참았던 숨을 세차게 내쉬며 얼굴을 수면 밖으로 내미는 경험을 말이에요. 내가 잠수하면

서 겪은 몸의 변화를 떠올리며 사고 실험을 할 테니, 여러분도 경험을 되살리면서 사고 실험에 참여해 보세요.

잠수를 시작하자 고막에 변화가 왔어요.

깊이 들어갈수록 고막의 느낌이 달랐거든요.

바다 밑으로 내려갈수록 고막이 더욱 강한 압박을 받았어요.

고막이 받은 압박은 수압 때문이에요.

수압은 물이 누르는 힘이지요.

누르는 힘, 이것을 흔히 압력이라고 하지요. 사고 실험을 이어 갈까요.

누르는 힘은 무거우면 무거울수록 강하지요.

물이 누르는 힘도 마찬가지예요.

그러니 물이 많으면 많을수록 누르는 힘은 더욱 강해질 거예요.

내 몸을 누르는 바닷물의 양은

바다 속으로 깊이 내려가면 내려갈수록 더욱 많아지지요.
바닷물 표면에서부터 내가 내려간 곳까지
바닷물이 층층이 쌓이는 격이 되기 때문이지요.
그래서 물속 깊이 내려가면 내려갈수록
고막이 더욱 센 압력을 받는 것이지요.

그렇습니다. 바다 깊이 내려갈수록 물이 누르는 힘, 즉 수압은 더욱 커지게 됩니다. 수압을 좌우하는 것은 물의 무게이지요.

물의 무게는 잠수하는 깊이에 비례해서 커집니다. 2배 깊이 잠수하면 머리 위로 놓인 물의 양은 2배로 증가하고, 3배

깊이 잠수하면 3배로 증가합니다. 그래서 물속으로 2배 깊이 내려가면 수압은 2배로 세지고, 3배 깊이 내려가면 3배로 강해지는 것입니다.

알짜 수압

사고 실험을 통해서 물에는 수압이 있다는 걸 알아보았어요. 그러나 이것이 우리가 진정 알고자 한 답은 아니지요.

그러니 사고 실험을 계속해야겠지요. 여러분도 사고 실험을 계속 따라 해 보세요.

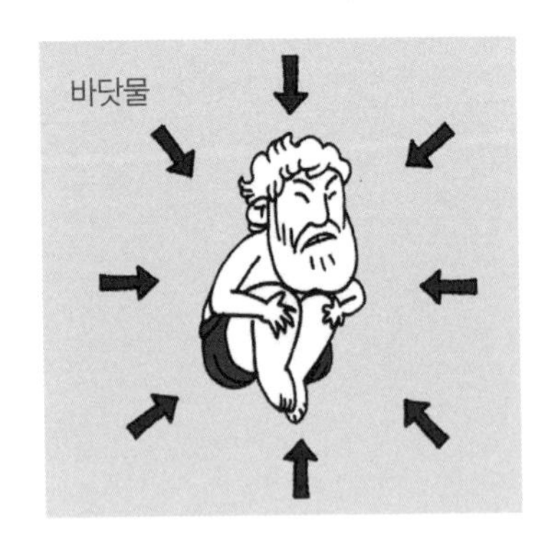

수압이 꼭 위쪽에서만 누르란 법은 없지요.
왼쪽에서 누를 수도 있고, 오른쪽에서 누를 수도 있고 비스듬하게 누를 수도 있고, 밑에서 누를 수도 있어요.
물도 마찬가지예요.
내가 물속에 잠수하고 있을 때

물은 전후좌우 상하 할 것 없이 아무 데서나 내 몸을 짓누르지요. 바닷물이 사방에서 내 몸을 옥죄듯이 압력을 가하고 있는 것이에요.

수압은 이렇게 조금의 빈틈도 없이 사방에서 짓누르지요. 그렇지만 여기서 우리는 아주 재미있는 사실을 발견할 수가 있어요. 왼쪽과 오른쪽에서 누르는 수압은 하등 고려할 필요가 없다는 사실이에요. 오직 위쪽과 아래쪽에서 누르는 수압만 생각하면 된답니다. 이유는 옆에서 누르는 수압은 왼쪽과 오른쪽이 서로 비기기 때문이에요. 다음의 예를 통해서 그 이유를 자세히 알아보아요.

쓰레기가 담긴 수레를 놓고 민우와 지수의 신경전이 대단합니다. 두 사람은 수레가 자신의 영역으로 건너오는 걸 원치 않아요. 그래서 민우는 수레를 왼쪽에서 오른쪽으로 밀고

있고, 지수는 그에 맞서서 오른쪽에서 왼쪽으로 밀고 있어요. 젖 먹던 힘까지 다 쏟아부으면서 말이에요.

이때 민우의 미는 힘이 더 강하면 수레는 지수의 영역으로 넘어가게 될 것입니다. 하지만 지수의 미는 힘이 더 강하면 수레는 민우의 영역으로 넘어가겠지요. 그러나 둘의 미는 힘이 똑같으면 어떻게 되겠어요.

그래요. 수레는 어느 쪽으로도 움직이지 않을 겁니다. 수레가 왼쪽과 오른쪽 모두에서 강한 힘을 받고 있는데도 수레는 중간에서 멈추어 있는 거나 마찬가지 상태가 되는 것이에요.

민우와 지수가 상대를 향해 서로 반대쪽에서 수레를 힘껏 민 결과는 두 사람이 민 힘의 차이로 나타나게 돼요. 예를 들어, 민우가 15N(뉴턴)의 힘으로 밀고 있고, 지수가 10N의 힘

알짜힘 $= 15N - 10N$
$= 5N$

으로 밀고 있다면, 10N의 힘은 서로 상쇄되고 실질적으로 수레를 미는 데 쓰이는 힘은 민우의 남은 힘 5N이 되는데, 이것을 알짜힘이라고 해요. 그러니까 알짜힘이란 반대 방향으로 작용한 힘이 서로 상쇄되고 남은 것을 가리키는 말이에요.

참고로, m와 km가 길이의 단위이고, g과 kg이 질량의 단위이듯 N은 힘의 단위예요. N은 영국의 물리학자 뉴턴(Isaac Newton, 1642~1727)의 훌륭한 업적을 기리기 위해서 그의 이름에서 따온 단위입니다.

수압에도 위의 논리를 그대로 적용할 수가 있어요. 그럼 우리 다시 사고 실험을 하도록 해요.

수압은 왼쪽에서 오른쪽으로도 작용하고, 오른쪽에서 왼쪽으로도 작용해요.

그런데 이 두 방향의 수압은 크기는 같고 방향만 반대이지요.

같은 힘으로 서로 반대쪽에서 밀면 어떻게 되지요?

왼쪽 수압 = 오른쪽 수압

어느 쪽으로도 움직이지 못하고 가운데 머물러 있게 되지요.

그래서 잠수하고 있는 동안에 왼쪽이나 오른쪽 어디로도 밀리지 않

는 것이에요.

왼쪽과 오른쪽의 알짜 수압이 영(zero)이 되는 것이지요.

그러나 위와 아래는 사정이 달라요.

내 몸이 잠수해 있는 위치를 생각해 보아요.

그 상태에서 내 몸 위쪽까지 쌓인 물은 수압으로 나를 아래로 짓누를 거예요.

반면에 내 몸 아래쪽에 놓인 물은 그와는 반대로 나를 위로 밀어 올리는 수압을 작용시킬 거예요.

잠수해 있는 내 몸의 위치를 다시 한 번 가만히 잘 보세요.

이 둘의 수압이 같을 수 있나요?

그래요, 아니에요.

바닷물에서 내 몸 위쪽까지 쌓인 물은 해수면에서 내 몸 아래쪽까

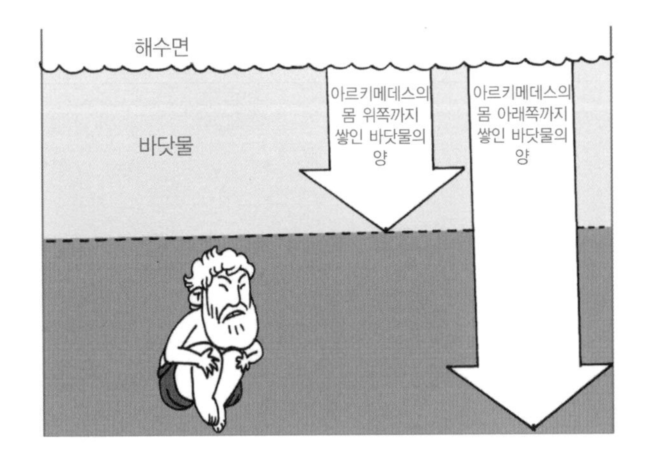

지 쌓인 물보다 분명히 양이 적어요.

누가 보아도 몸 아래쪽까지 쌓인 물이 더 많아요.

수압은 물의 무게에 비례하지요.

쌓인 물이 많으면 많을수록 수압이 커지는 거예요.

그러니 위에서 내리 누르는 수압보다 아래쪽에서 밀어 올리는 수압이 더 강할 수밖에 없겠지요.

그래서 위쪽과 아래쪽의 수압은 왼쪽과 오른쪽의 수압과는 달리 세기가 다른 거예요.

위쪽과 아래쪽 수압이 다른 데다가 아래에서 밀어 올리는 수압이 더 강력하니 몸이 위로 떠오르는 것이랍니다.

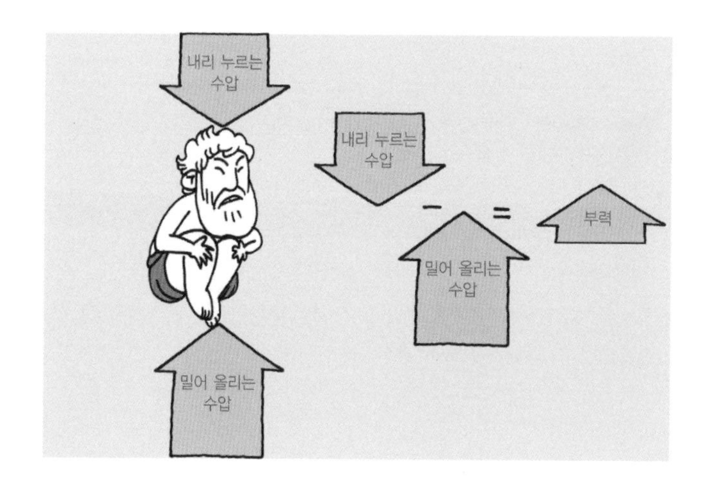

부력이 생기고, 부력이 항상 위쪽으로 작용하는 그 바탕에는 바로 이러한 수압의 원리가 깔려 있는 거예요. 그러니까 위쪽과 아래쪽에 놓인 바닷물이 작용하는 수압의 차이 때문에 생기는 알짜 수압이 결국은 위로 떠오르게 하는 부력을 낳는 것이지요.

과학자의 비밀노트

뉴턴(Isaac Newton, 1643~1727)

영국의 물리학자 · 천문학자. 수학 분야에서는 미적분학을 창시하였다. 역학의 체계를 확립하여 고전 물리학을 완성했다. 특히 중력 문제에 대해서는 광학과 함께 큰 관심을 가지고 있었다. 1670년대 말에 들어서 '만유인력의 법칙'을 확립하였다. 만유인력의 법칙이란 두 물체 사이에 작용하는 힘은 서로의 질량의 곱에 비례하고 거리의 제곱에 반비례한다는 것이다. 1687년 만유인력의 법칙을 담은 그의 저서 《자연철학의 수학적 원리(프린키피아)》가 출판되었다. 이로써 이론 물리학의 기초가 쌓이고 뉴턴 역학의 체계가 완성되었다.

만화로 본문 읽기

그런데 만약 위에서 내리 누르는 수압보다 아래쪽에서 밀어 올리는 수압이 더 강하다면 물속의 물체는 떠오르게 됩니다. 이렇게 물체를 떠올리는 힘을 바로 부력이라고 합니다. 부력은 항상 위쪽으로 작용해요.

세 번째 수업 3

유레카, 유레카

아르키메데스는 어떻게 왕관 속의 이물질을
알아낼 수 있었을까요?

3

세 번째 수업

유레카, 유레카

교과연계		
초등 과학 6-2	1. 물속에서의 무게와 압력
중등 과학 1	7. 힘과 운동
중등 과학 2	2. 물질의 특성
고등 과학 1	2. 에너지
고등 물리 I	1. 힘과 에너지
고등 물리 II	1. 운동과 에너지

아르키메데스가 창의성의 중요함을 강조하며 수업을 시작했다.

유레카 사건의 발단

물에서는 부력이 왜 생기며, 또 왜 항상 위쪽으로만 작용하는지를 확실하게 알고 나니 무척 뿌듯하네요. 이게 바로 요즘 누누이 강조하는, 창의성을 키우는 방법이에요.

'물에는 부력이 있다'는 사실을 아는 것에 만족하는 정도로는 창의성은 절대 높이 향상되지 않아요.

과학이나 수학 문제를 풀 때 내가 풀어 본 것과 비슷한 문제는 풀 수가 있는데, 약간만 변형시키면 풀지 못한다는 사

람이 있어요. 이것은 응용력이 부족해서인데, 응용력이 부족한 것은 바로 창의적인 생각을 많이 하지 않았기 때문이에요.

물에 부력이 있다는 것을 알았으면, 거기에 머무르지 말고 그와 관련된 시시해 보이는 것까지 꼬리에 꼬리를 무는 의문을 던지면서 답을 찾아 떠날 때, 비로소 남들이 따라오기 어려운 창의력을 무럭무럭 키울 수가 있는 거예요.

목욕탕 모서리에 팔걸이를 한 자세로 온수에 몸을 푹 담그고 있으니, 그간의 피로가 눈 녹듯이 싹 가시는 것 같군요.

내가 물에 들어가자 몸이 부력을 받고 있다는 걸 확연히 느낄 수가 있네요.

부력 이야기가 나온 이상, 부력의 발견에 관한 그 유명한 유레카 일화를 꺼내지 않을 수는 없겠지요.

나는 가끔씩 그 순간을 회상해 보곤 하지요. 아, 그 사건을 기억하면 감격스러움에 지금도 온몸에 전율이 이는 것 같아요. 자, 그럼 내가 당시의 상황을 옛날이야기를 술술 풀어내듯이 끄집어내 볼게요.

우리 군대가 전투에서 큰 승리를 거두자, 왕은 축하 잔치를

열었지요. 잔치는 그야말로 성대했어요.

잔치 분위기가 무르익자 왕이 말했지요.

"이겼다고 자만해선 안 될 것이니라. 그리고 나 혼자 잘났기 때문에 이긴 것이라고 평가해서도 안 될 것이니라. 오늘의 승리는 우리 시라쿠사 백성 모두가 혼연일체가 되어 얻어낸 값진 승리이니라. 더불어 우리 시라쿠사를 든든히 지켜주시는 신의 고마움을 한시도 잊어서는 안 될 것이니라. 그리하여 나는 오늘, 신의 값진 보살핌에 대한 보답의 차원으로 귀중품을 바치고자 하느니라."

"당연한 생각이시옵니다."

신하와 병사 모두가 합창하듯 말했지요. 왕은 흐뭇한 미소

를 띠며 말을 이었지요.

"신에게 멋진 왕관을 바칠 생각이니, 왕관 제조업자에게 필요한 양의 금을 주고 아름다운 왕관을 만들어 오게 하라."

신하들은 왕의 명령대로 시라쿠사에서 가장 유능한 왕관 제조업자에게 금을 주고 멋진 왕관을 제조해 올 것을 주문했지요.

왕관 제조업자는 약속한 날짜에 맞춰서 왕관을 만들어 왔습니다. 왕관 제조업자가 내놓은 황금빛이 영롱한 왕관은 겉으로 봐선 어느 한구석 흠잡을 데가 전혀 없었지요. 왕은 기쁨을 감추지 못했어요.

그런데 예상치 못한 사건이 바로 그다음에 터졌어요. 이상한 소문이 장안에 나돌기 시작한 것이었지요.

"왕관 제조업자가 왕이 준 황금의 일부를 왕관 만드는 데

쓰질 않고 빼돌렸대. 빼돌린 황금 대신 은을 섞어서 왕관을 만들었단다."

발 없는 말이 천 리 간다고, 소문은 삽시간에 왕의 귀에까지 들어갔지요. 왕은 편치 않은 심정으로 왕관의 진위 여부를 가려 보라고 했지요.

"왕관 제조업자가 만들어 온 왕관의 무게가 그가 받아 간 황금의 무게와 똑같은지 저울로 달아 보도록 하라."

신하가 왕이 보는 앞에서 왕관의 무게를 재었지요.

"폐하, 왕관 제조업자가 가져간 황금의 무게와 다르지 않게 나왔사옵니다."

"그렇지! 우리나라 백성이 감히 짐을 속이기야 했겠느냐."

왕의 심기는 예전처럼 편안해졌지요.

그런데 무게가 똑같다는 걸 왕이 두 눈으로 직접 확인했고,

그 사실을 백성들에게 알렸는데도 소문은 잦아들지 않았지요.

"왕이 꼴딱 속아 넘어갔대."

소문이 이 정도에까지 이르자, 왕은 노발대발했지요. 왕의 눈에서는 금세라도 불꽃이 튈 것 같았지요. 왕은 시뻘게진 얼굴을 한 채 잠시 말을 잊었지요. 그러고는 굳게 다문 입을 열었어요.

"아르키메데스를 이리 데려오도록 하라."

나는 왕의 급한 부름을 받고 한달음에 왕궁으로 달려갔지요. 왕은 심기가 불편함에도 나를 반갑게 맞아 주었어요.

"오, 그래. 우리나라 최고의 과학자가 도착했구려. 아르키메데스, 그대도 왕궁 밖에 파다하게 퍼져 있는 풍문을 익히 들어 알고 있을 줄 아오. 떠도는 말에 따르면 왕관 제조업자가 은을 섞어서 왕관을 만들었다고도 하고, 동을 집어넣어서 왕관을 제조했다고도 하오. 그러나 짐과 왕국의 신하들의 지혜만으로는 더는 백성들의 입에서 입으로 전해지는 소문을 잠재울 길이 없구려. 믿을 사람은 이제 우리나라 최고의 과학자인 아르키메데스, 그대밖에는 없는 것 같소. 이 문제 때문에 짐은 요즘 들어 한시도 평온한 잠을 이루지 못했다오. 아르키메데스여, 짐의 이러한 고민을 그대가 하루 빨리 밝혀 주어 풍문을 잠재워 주길 바라오."

나는 왕의 고민을 듣고 왕궁을 빠져나왔지요.

유레카 사건의 해결

나는 목욕탕 모서리에 걸친 팔을 내리며 몸의 힘을 빼었지

요. 그러자 내 몸이 목욕탕 가운데로 스르륵 잠겼어요.

나는 문제 풀기를 상당히 즐기는 편이지요. 특히 자연 현상의 비밀을 밝히는 문제라면 더는 말할 필요가 없지요. 그런 면에서 이건 내 호기심을 자극하기에 조금도 부족하지 않았어요.

내 스스로 내 칭찬을 늘어놓는다는 게 그렇긴 하지만, 고전 물리학의 창시자로 추앙받고 있는 갈릴레이(Galileo Galilei, 1564~1642)가 나를 어떻게 평했는지 아십니까? 갈릴레이는 나를 두고 다음과 같이 웅변했지요.

"아르키메데스는 신성하고 경이로운 지성 중의 지성입니다. 아르키메데스의 저서를 읽는 사람이라면 누구라도 예외 없이 그가 얼마나 탁월한 학자인가를 여실히 알 수 있을 것입니다. 그뿐만 아니라 그의 걸출한 업적을 놓고 비교해 볼 때, 그 누가 감히 그와 견줄 수 있을까를 우리는 절절히 깨닫게 된답니다."

말을 하고 나니 좀 쑥스럽긴 하군요. 그건 그렇고, 이제 본론으로 다시 돌아가지요. 집으로 돌아온 나는 왕의 고민을 곰곰이 생각

해 보았습니다. 그런데 그리 어렵지 않을 듯싶었던 문제가 전혀 그렇지가 않았던 거였어요.

하루, 이틀, 사흘……, 1주일, 2주일……이 흘렀건만 문제를 해결할 좋은 아이디어가 좀처럼 생각나질 않는 거예요.

왕이 두터운 신임을 보이면서, 이 나라에서 이 문제를 해결해 줄 수 있는 사람은 나밖에 없다며 호언장담했는데, 나는 그러한 기대에 부응하지 못하는 꼴이 되어 버렸으니, 내 심신은 타들어 가는 것 같았지요. 나는 몸과 마음을 추스르기 위해서 지친 육신을 이끌고 목욕탕으로 향했습니다.

목욕탕에는 온수가 넘칠 듯이 가득했습니다. 내가 아무런 생각 없이 욕조에 몸을 담그자 물이 밖으로 흘러넘쳤지요. 누구나 쉽게 경험할 수 있는 아주 자연스러운 현상이지요.

그래서 사람들은 물이 넘치는 걸 대수롭지 않게 보아 넘기지요. 저 역시도 이전에는 그런 현상에 대해서 별 의미를 두지 않았어요.

그런데 그날은 달랐어요. 넘친 물이 자꾸 의식이 되는 거예요. 왠지 모르게 자꾸자꾸 말이에요.

'물이 왜 넘치지?'

나는 흘러넘친 물을 물끄러미 쳐다보았어요. 그리고 잠시 후에 외쳤지요.

"그래, 이거였어!"

내가 내 얼굴을 보진 못했지만, 아마 환희의 기쁨으로 붉게 물들었을 거예요. 내 생을 통틀어서 몇 번 겪어 보지 못한 멋

진 창의적 발상이 그때 번쩍하며 떠올랐으니까요.

나는 큰 기쁨에 빠진 나머지 옷 입는 것도 잊어버린 채, 곧 바로 목욕탕을 뛰쳐나와 왕궁을 향해서 힘차게 내달렸지요. 그러면서 소리 높여 외쳤지요.

"유레카! 유레카! 유레카!"

유레카(Eureka)는 그리스 어로 '알아냈다'라는 뜻이지요.

내가 맨 정신이었다면 그런 행동은 결단코 불가능했을 거예요. 벌거벗은 몸뚱이로 길 한복판을 내달리고 있었으니, 사람들이 그 모습을 보고 뭐라 말했을지는 쉽게 짐작할 수 있겠죠?

변명 같긴 하지만, 극과 극은 통한다는 말이 있잖아요. 당시 나는 발전적인 창조의 기쁨에 사로잡힌 상태였어요. 그러니 그때의 내 행동은 다른 나쁜 의도가 숨어 있었던 게 아니라, 무아지경에 빠져 자발적으로 이루어진 것이라고 해석해 주길 바랍니다.

솔직히 피부가 축축 늘어진 늙은이의 몸뚱이를 뭐 보여 줄 게 있다고 벌거벗은 채 길 한복판을 뛰었겠어요. 아무리 그래도 당시의 상황을 떠올리면 지금도 얼굴이 화끈거리긴 해요. 여하튼, 나는 당장 왕에게 달려가 기쁜 소식을 정중히 아뢰었지요.

"왕께서 하명하신 문제를 풀어 내었사옵니다."

"그게 정말이오?"

왕의 얼굴이 꽃처럼 활짝 피었지요.

"그러하옵니다, 폐하."

"그래, 왕관의 진위 여부를 가릴 수 있는 방법을 설명해 보시오!"

"흘러넘친 물의 양을 비교하면 되옵니다."

"흘러넘친 물의 양이라……."

왕은 이 말을 몇 번이나 계속 곱씹었지요.

'흘러넘친 물의 양으로 왕관의 진위 여부를 파악할 수 있다'는 이 원리를, 사람들은 발견자인 내 이름을 따서 '아르키메데스의 원리'라고 하지요.

우리는 여기서도 엄청난 창의력을 부쩍부쩍 키울 수가 있습니다. 자, 그럼 다음 수업에서 이에 대한 자세한 내용을 알아보도록 해요.

만화로 본문 읽기

보는 것처럼 무게는 같지만 왕관에 은을 섞어서 만들었다는 소문이 있다네. 자네가 좀 밝혀 주게나.
알겠습니다, 폐하. 제가 꼭 밝혀내도록 하겠습니다.

후~, 대답은 했지만 대체 어떻게 알아내지? 분명 무게가 같으니…. 에이, 일단 목욕이나 하자.

아, 시원하다~.

응? 잠깐. 물이 왜 넘치지?

이런, 이거였어! 왜 바로 이 생각을 못했지?

유레카! 유레카!

폐하, 알아냈습니다. 물입니다. 물속에 왕관과 같은 무게의 금괴를 넣고 넘치는 물의 양을 재면 됩니다.
허허허, 역시 아르키메데스군! 하지만 먼저 옷부터 좀 입어 주겠나?

네 번째 수업 4

아르키메데스의 원리 1

정육면체와 직육면체 모양의 쇳덩이, 모양이 불규칙한
돌덩이의 부력을 재는 방법을 알아봅시다.

4

네 번째 수업

아르키메데스의 원리 1

교과연계		
교.	초등 과학 6-2	1. 물속에서의 무게와 압력
과.	중등 과학 1	7. 힘과 운동
연.	중등 과학 2	2. 물질의 특성
	고등 과학 1	2. 에너지
계.	고등 물리 I	1. 힘과 에너지

아르키메데스가 옛날 일을 회상하며 기쁨에 들떠 수업을 시작했다.

울퉁불퉁한 돌덩이의 부피

아르키메데스의 원리는 부력 속에 담긴 굉장히 유용한 원리이지요.

아르키메데스의 원리를 제대로 이해하려면, 여러 가지 물체들이 어떻게 뜨고 가라앉는지를 알아야 해요. 그러니까 다양한 물체의 부력을 비교해 보고 거기에서 새로운 무엇을 이끌어 내야 한단 말이지요.

자, 여기 보세요. 내 앞에 정육면체와 직육면체 모양의 쇳덩이가 있지요. 그리고 그 옆에는 모양이 불규칙한 돌덩이가 놓여 있어요. 지금부터 이들의 부력에 대해서 알아볼 거예요.

하지만 그에 앞서서 먼저 부피 구하는 문제를 알아 둘 필요가 있어요.

정육면체와 직육면체의 부피 구하는 것부터 시작하는데, 여기서도 사고 실험으로 그걸 해결해 보아요.

정육면체의 부피는 간단히 구할 수가 있어요.
밑면의 넓이에 높이를 곱하면 돼요.
정육면체 밑면의 넓이는 가로와 세로를 곱하면 되지요.
직육면체의 부피도 이와 마찬가지로 쉽게 계산할 수가 있어요.
그러니 정육면체나 직육면체의 형태로 이루어진 쇳덩이의 부피는 가로와 세로와 높이를 각각 자로 재어서 곱하면 되지요.

준비한 3개의 물체 중에서 2개의 부피를 구했으니, 돌덩이의 부피를 구하는 문제가 남았네요.

정육면체와 직육면체의 부피는 공식으로 간단히 구할 수가 있어요. 하지만 돌덩이의 경우는 그렇지가 못해요. 이 문제는 응용 문제라고 생각하면 됩니다. 응용 문제를 풀다 보면 뭐가 얻어지죠? 그래요. 나도 모르게 창의성이 부쩍부쩍 늘게 돼요.

자, 그럼 이 돌덩이의 부피 계산에서 어떤 창의적 발상을 배울 수 있는지, 사고 실험으로 알아보도록 해요.

정육면체와 직육면체의 부피는 쉽게 구했어요.
하지만 이 돌덩이의 부피는 그렇게 쉽게 얻을 수가 없어요.
왜냐하면 모양이 불규칙하기 때문이에요.
직육면체와 정육면체는 가로와 세로와 높이를 자로 잴 수가 있어요.
그러나 이 돌덩이는 가로와 세로와 높이가 규칙적이지 않아서 자로 그 길이들을 정확하게 잴 수가 없어요.
그래서 돌덩이의 부피는 직육면체와 정육면체의 부피를 구했던 방식으로는 구할 수가 없는 거예요.
우리가 알고 있는 부피 계산법은 가로와 세로와 높이를 알아서 구하는 것뿐인데, 이거 큰일이네요.

그러면 돌덩이의 부피 계산은 포기해야 할까요?

누구도 울퉁불퉁한 돌덩이의 부피는 절대로 구하지 못할까요?

포기하지 마세요. 포기하는 순간, 창의성은 바로 날아가 버리는 거예요. 창의적인 사람이 되고 싶다면 더더욱 포기해선 안 되는 거예요.

좀처럼 풀리지 않을 것처럼 보이는 문제나, 도저히 못 풀 것 같은 문제를 많은 생각 끝에 풀어 본 사람은 그 기쁨을 알 수 있을 거예요.

포기한다는 생각조차 하지 마세요. 그 기쁨이 얼마나 대단한 것인지를 적어도 한 번은 느껴 봐야 하지 않겠어요?

포기는 절대 금물이라는 걸 명심하세요.

여기 투명한 수조가 있어요. 내가 이 수조 속에 물을 가득 부을 거예요. 콸콸콸, 물 쏟아지는 소리가 들리죠?

어려운 문제는 항상 생각을 많이 해야 한다는 것, 다들 잘 알고 있죠.

자, 우리 모두 사고 실험으로 울퉁불퉁한 돌덩이의 부피를 계산하는 방법을 알아볼까요.

더는 물을 채울 수가 없을 만큼 수조가 가득해요.

한 방울만 더 부어도 물이 바로 넘칠 거예요.

그런데 왜 물이 넘치죠?

너무도 당연한 물음인가요?

그래요.

새로운 물이 더는 들어갈 자리가 없기 때문이에요.

내가 욕조에 들어갔을 때 물이 넘친 것도 마찬가지 이유예요.

내 몸집이 욕조 속으로 비집고 들어갈 자리가 없는데도 내가 억지로 들어가니 그만큼의 자리를 비워 주려고 물이 넘친 것이에요.

그러니 물이 얼마만큼 넘쳤을까요?

맞아요, 내 몸뚱이만큼 넘쳤을 거예요.

그렇다면 뭔가 떠오르지 않나요?

그렇죠, 번쩍하며 뇌리를 때리는 게 있죠?

이 울퉁불퉁한 돌덩이를 넣으면 얼마만큼의 물이 넘칠까요?

이 돌덩이의 크기만큼 물이 흘러넘칠 겁니다.

그리고 그 흘러넘친 물은 정확히 돌덩이의 부피와 같을 거예요.

그러니 굳이 울퉁불퉁한 돌덩이의 가로와 세로와 높이를 재서 부피를 구할 필요가 없는 거예요.

흘러넘친 물의 부피가 바로 돌덩이의 부피와 같으니까요.

여러분도 이와 비슷한 사고 실험으로 결론을 이끌어 내었나요?

네, 했다고요? 그러면 뿌듯한 기쁨을 맛보았겠네요.

결론을 이끌어 내지 못했어도 괜찮아요. 낙담할 필요는 없어요. 모르는 걸 새로 배우는 건데, 처음부터 다 잘할 수 있겠어요? 하나하나 지식을 쌓아 나가면서 창의적 기틀을 마련해 나가면 되는 거예요.

이제 정리해 볼게요.

모양이 불규칙한 물체의 부피 계산 : 물이 가득 찬 수조에 물체를 넣고 흘러넘친 물을 모아서 그 물의 부피를 측정하면 된다.

울퉁불퉁한 물체의 부피를 계산하는 방법, 알고 보니 비교적 쉽죠?

흘러넘친 물의 부피를 구하는 건 삼척동자도 할 수 있는 일이잖아요. 그러니 이제 모양이 불규칙하다고 해서 부피 재는 걸 두려워하지는 마세요.

무겁고 가벼움을 나누는 기준

쇳덩이와 돌덩이는 무거운 물체잖아요. 그런데 세상에는 무거운 물체만 있는 게 아니지요. 가벼운 물체도 있어요.

이 장을 시작하면서 여러 가지 물체의 부력을 비교해 본다고 했으니까, 이번에는 가벼운 물체를 가지고 생각해 보도록 해요.

여기 울퉁불퉁한 나무토막과 스티로폼이 있어요. 그리고 그 옆에는 물이 담긴 수조가 있어요. 나무토막과 스티로폼을 수조에 넣으면 어떤 현상이 나타나는가를 사고 실험을 통해

서 알아보아요.

쇳덩이와 돌덩이는 무거운 물체예요.

물체의 부피는 가로, 세로, 높이의 길이가 규칙적인지 그렇지 않은지에 따라서 구하는 방법이 달랐어요.

모양이 규칙적이면 가로와 세로와 높이를 구해서 부피를 구하면 되었어요.

그리고 모양이 불규칙하면 물에 넣어서 흘러넘친 물의 양으로 부피를 알아내었어요.

물론 규칙적인 것도 물에 넣어서 흘러넘친 물의 양으로 부피를 구해도 돼요.

그러니까 규칙적인 물체는 두 가지 방법을 다 쓸 수가 있는 거지요.

그렇다면 흘러넘친 물을 이용해서 부피를 알아내는 방법을 다른 물질에도 그대로 적용할 수가 있을까요?

적용할 수 있는지 없는지 바로 확인해 볼까요?

내가 우선 물이 가득한 수조에 나무토막을 넣어 보겠어요. 어, 쇳덩이나 돌덩이와는 달리 가라앉질 않네요.

이번엔 스티로폼을 넣어 보겠어요. 가라앉지 않기는 스티로폼도 나무토막과 마찬가지네요.

가라앉아야만 물이 흘러넘칠 테고, 그 물을 받아야 부피를 구할 수 있을 텐데……, 가라앉질 않으니 흘러넘친 물로 부피를 계산하는 방법을 쓸 수가 없게 되었어요. 모양도 울퉁불퉁하니 가로와 세로와 높이를 재서 부피를 구하는 방법도 사용할 수가 없네요.

이거 참으로 난감하네요. 하지만 우리에게 포기란 없습니다. 우리에게는 믿는 구석이 있잖아요. 사고 실험 말이에요.

물이 가득한 수조 속에 나무토막이나 스티로폼을 넣었는데도 물이 흘러넘치지 않았어요.

이유가 뭘까요?

그래요, 가볍기 때문이에요.

즉, 나무토막이나 스티로폼이 쇳덩이와 돌덩이만큼

무겁지가 않기 때문이지요.

그런데 여기서 궁금한 게 있어요.

쇳덩이와 돌덩이보다 무게가 안 나가면 가벼운 것이고,

쇳덩이와 돌덩이보다 무게가 더 나가면 무거운 것인가요?

아니겠죠.

그래요, 아니에요.

뭐, 쇳덩이와 돌덩이가 이 세상에서

절대적인 기준이 될 수 없어요.

그렇다면 엄밀한 기준이 있어야 할 거예요.

쇳덩이가 무엇보다 무겁고

스티로폼이 무엇보다 가벼운지를 가리는 명확한 기준 말이에요.

그래서 우리는 무겁고 가벼운 기준을

정할 필요가 생긴 거예요.

쇳덩이와 돌덩이는 물에 넣으면 잠기지요?

이건 쇳덩이와 돌덩이가 물보다 무겁다는 뜻이에요.

반면, 나무토막과 스티로폼은 물에 잠기지 않아요.

이건 나무토막과 스티로폼이 물보다 가볍다는 뜻이에요.

그래요. 이제 기준이 정해졌어요. 쇳덩이와 돌덩이는 무겁고, 나무토막과 스티로폼은 가볍다는 건 물에 대해서 무겁고 가볍다는 뜻이에요. 물이 무겁고 가벼움을 나누는 기준인 셈이에요.

그런데 말이에요. 물이 항상 무겁고 가벼움을 나누는 절대적인 기준일 필요는 없을 거예요. 그 기준은 수은이 될 수도 있고, 다른 여러 물질이 될 수도 있을 거예요. 그러면 그 기준에 따라서 무겁고 가벼움이 달라져요. 예를 들면서 좀 더 구체적으로 알아보죠.

쇳덩이와 돌덩이는 물보다 무겁다. 나무토막과 스티로폼은 물보다 가볍다.

수은이 담긴 수조에 쇳덩이와 돌덩이를 넣어 보세요. 물과는 달리, 쇳덩이와 돌덩이는 가라앉지 않고 수은 위에 두둥실 떠 있어요. 이때는 쇳덩이와 돌덩이도 가벼운 물질이 되는 셈이지요. 좀 더 엄밀하게 말하면, 쇳덩이와 돌덩이가 수은에 비해서 가벼운 물질인 것이지요.

물에는 가라앉고 수은에는 뜨는 걸 보면 쇳덩이와 돌덩이, 물과 수은, 나무토막과 스티로폼은 어느 물질을 만나느냐에 따라서 무거움과 가벼움이 상대적으로 달라지는 게 분명해요.

물질의 이러한 특성을 밀도라고 해요. 그러니까 쇳덩이와 돌덩이, 물, 수은, 나무토막, 스티로폼은 각기 저마다의 독특한 밀도를 갖고 있어서 무게가 다른 거라고 볼 수 있는 거지요.

밀도는 쉽게 생각해서 얼마나 빽빽한가를 나타내는 것이라고 보면 돼요.

버스 안에 사람이 많이 타서 옴짝달싹하기도 어려운 경우

밀도가 높음

밀도가 낮음

가 있는데, 이런 때는 밀도가 높다고 해요. 반면, 그 반대의 경우는 밀도가 낮다고 하지요.

쇳덩이와 돌덩이는 물보다는 빽빽하게 내부가 채워져서 물 속으로 가라앉지만, 수은보다는 덜 빽빽하게 내부가 채워져 있어서 뜨는 것이라고 생각하면 돼요. 그리고 나무토막과 스티로폼은 수은은 말할 것도 없고 물보다도 느슨하게 채워져 있어서 수은과 물 모두에 둥둥 뜨게 되는 것이고요.

나무토막이나 스티로폼은 밀도가 작은 축에 드는 물질이지요. 하지만 그렇다고 해서 항상 가라앉지 않는 건 아니에요. 그보다 밀도가 작은 물질을 찾아서 그 속에 쑥 집어넣으면 쉽게 가라앉게 되지요.

나무토막이나 스티로폼보다 내부 상태가 빽빽하지 않은 물질로는 무엇이 있을까요?

어렵게 생각하지 마세요. 우리가 늘 접하는 물질이 있잖아

요. 그래요, 공기가 있어요. 공기 입자는 여유롭게 허공을 떠돌아 다니잖아요. 그래서 빽빽함이 나무토막이나 스티로폼과는 비교할 수가 없어요.

공기를 담은 수조에 나무토막과 스티로폼을 넣어 보세요. 당연히 수조 바닥을 향해서 곧바로 내려가지요?

과학자의 비밀노트

밀도

물질의 질량을 부피로 나눈 값이다. 물질마다 고유한 값을 지니고 있어 물질의 특성이 된다. 단위는 g/mL, g/cm³ 등을 사용한다. 물을 제외하면 일반적으로 밀도는 고체〉액체〉기체 순서로 크다. 고체 물질은 분자들이 촘촘하므로 밀도가 높다. 액체 물질은 분자 간의 거리가 멀어 부피가 커지므로 밀도가 고체 물질보다 낮다. 기체 물질은 분자 간의 거리가 매우 멀어 부피가 매우 커지므로 고체나 액체에 비해 밀도가 훨씬 낮다. 단 예외적으로 물의 밀도는 액체〉고체〉기체 순이다. 얼음이 물이 뜨는 이유는 밀도가 물보다 낮기 때문이다.

만화로 본문 읽기

그래, 왕관의 진위 여부를 파악할 수 있다고?
예, 보시다시피 이 왕관과 금괴의 무게는 같습니다. 그렇다면 금괴와 왕관의 부피만 비교해 보면 왕관의 진위 여부를 알 수 있을 겁니다.

그런데 어떻게 왕관의 부피를 잴 수 있단 말입니까?
물을 이용하는 겁니다.

이렇게 물이 가득 찬 수조에 왕관을 넣으면 물이 넘치죠? 그런데 왜 물이 넘칠까요? 그건 왕관이 수조 속으로 비집고 들어갈 자리가 없는데도 억지로 들어가니 그만큼 물이 넘치는 것이죠.
풍덩~

따라서 흘러넘친 물의 양을 재면 왕관의 부피를 알 수 있습니다.
오호~

넘친 물이 왕관의 부피와 같다!! 그럼 굳이 어렵게 왕관의 가로와 세로의 높이를 재서 부피를 구할 필요가 없는 거였군요. 흘러넘친 물의 부피를 재는 것이 더 간단하니까요.

그럼 금괴도 같은 방법으로 부피를 구해서 비교하면 되겠군요. 왕관이 순수하게 금으로 이루어졌다면 왕관과 같은 무게의 금괴는 부피도 같을 테니까요.
대단한 발견입니다. 우리 이 원리를 아르키메데스의 이름을 따서 '아르키메데스의 원리'라고 부릅시다.
좋아요! 그럽시다.

다섯 번째 수업

5

아르키메데스의 원리 2

물의 밀도를 이용해서 달걀을 물 위로
띄우는 방법을 알아봅시다.

5

다섯 번째 수업

아르키메데스의 원리 2

교과연계

교.	초등 과학 5-1	2. 용해와 용액
	초등 과학 6-2	1. 물속에서의 무게와 압력
과.	중등 과학 1	7. 힘과 운동
연.	중등 과학 2	2. 물질의 특성
계.	고등 과학 1	2. 에너지
	고등 물리 I	1. 힘과 에너지

유레카 사건을 떠올리며 아르키메데스가 수업을 시작했다.

유레카 해결의 설명

물질의 무겁고 가벼움은 비교하는 물질이 무엇이냐에 따라서 무거워지기도 하고 가벼워지기도 한다고 했어요. 그리고 물질의 무거움과 가벼움은 물질이라는 특성 때문에 생기는 거라고도 했어요.

그러면 지금까지 배운 지식들에다가, 울퉁불퉁한 물질의 부피를 재는 방법을 충분히 이용해서 유레카 사건의 끝부분을 해결해 볼까요?

내가 왕에게 왕관 문제를 해결했다고 아뢰자, 왕은 기쁨을 감추지 못했지요. 그러면서 내게 이렇게 말했어요.

"좀 더 자세히 설명해 보시오."

왕은 왕관 문제의 해결 방법을 자세히 듣고 싶어 했던 것이에요. 나는 목욕탕에서 생각해 낸 아이디어를 설명해 나가기 시작했어요.

"물질은 저마다 빽빽한 정도가 다르옵니다."

"그렇지. 딱딱한 게 있는가 하면 물렁물렁한 것도 있으니까."

"아주 지당하신 말씀이시옵니다."

나는 잠시 숨을 고른 후에 말을 이었지요.

"이것은 물체의 무게가 저마다 다르다는 뜻이옵니다."

"물체의 무게가 다르다?"

"예."

"그 말은 같은 부피의 금덩이와 은덩이의 무게가 서로 다르다는 뜻이로구먼."

"그러하옵니다, 폐하."

"허허허."

“이건 달리 말하면, 서로 다른 물체의 무게가 같기 위해서는 크기가 달라야 한다는 의미이기도 합니다, 폐하.”

“금덩이와 은덩이의 무게가 같을 때, 둘의 크기가 다르다는 뜻이로구먼.”

“그러하옵니다, 폐하.”

“하하하.”

“여기서 크기라 함은 부피라고 하는 게 정확한 표현이옵니다.”

“그러니까 금덩이와 은덩이의 무게가 같을 때, 둘의 부피는 다르다는 말이로구먼.”

“맞사옵니다, 폐하.”

왕은 함박웃음을 지었지요.

나는 설명을 계속했어요.

“왕관에 은이나 동이 들어가면…….”

“잠깐.”

왕이 내 말을 잘랐지요.

“그렇다면, 은이나 동을 집어넣어서 왕관의 무게를 얼마든

지 같게 할 수 있다는 말이로구먼."

왕의 얼굴에 다소 흥분기가 비치기 시작했지요.

"그러하옵니다, 폐하."

"이건 다르게 표현하면, 왕관의 무게는 같더라도 그 안에 은이나 동을 넣었다면 부피가 달라진다는 의미로구먼."

"맞사옵니다, 폐하."

"그러면 그 부피를 재면 되겠구나!"

"그러하옵니다, 폐하. 왕관 제조업자에게 건네준 황금의 부피와 그가 만들어 온 왕관의 부피를 재면, 소문이 진실인지 아닌지를 판별할 수가 있사옵니다."

"아, 문제의 답은 왕관과 금의 질량이 아니라, 부피에 있었던 것이로구나! 아르키메데스여, 얼른 부피를 재 보시오."

왕이 들뜬 음성으로 재촉했지요. 그러나 왕은 곧 의문에 빠졌어요.

"그런데 부피를 어떻게 재지?"

왕관 제조업자에게 건네준 황금 덩어리야 그렇다 치더라도, 모양이 정사면체나 정육면체와는 거리가 멀어도 한참 먼 왕관의 부피를 어떻게 잴 수 있는가를 왕은 묻고 있는 것이었지요.

"실은 이 부분이 해결하기가 가장 어려웠사옵니다."

"그럼 해결했단 뜻이오?"

"예."

나는 나직하면서도 정중히 아뢰었습니다.

"그래, 그 방법이 무엇이오?"

"물이옵니다."

"물?"

"물속에 집어넣는 것이옵니다."

왕은 내 입에서 나오는 단어 하나하나에 귀를 쫑긋 기울였지요. 왕은 묵묵히 나의 다음 설명을 기다렸습니다.

"물이 가득 찬 통에 각

각 황금 덩어리와 왕관을 집어넣으면, 통 밖으로 물이 흘러 넘치게 되옵니다."

"……."

"그때 넘친 물의 부피를 재는 것이옵니다."

"그러니까 흘러넘친 물의 부피가 같다면 왕관과 황금의 부피가 같다는 뜻일 테니 내가 준 황금 덩어리로 순수하게 왕관을 만든 게 될 테고, 그와는 반대로 흘러넘친 물의 부피가 다르면 장안에 떠도는 소문대로 왕관 제조업자가 금이 아닌 다른 물질을 섞어서 왕관을 만들었다는 얘기가 되는 것이구나."

"네, 바로 맞혔사옵니다."

나는 왕이 보는 앞에서 왕관을 물에 넣고는 흘러넘친 물의 양을 재었습니다. 그러고는 왕관과 동일한 무게의 황금 덩어리를 물에 넣었습니다.

결과가 어떠했겠어요?

그래요. 흘러넘친 물의 양이 달랐습니다. 세간에 떠도는 소문처럼, 왕관은 순금으로만 만든 게 아니었던 것이에요. 왕관 제조업자는 왕을 속인 죄의 대가를 혹독히 치러야 했습니다.

내가 발견한 이 법칙을 아르키메데스의 원리라고 해요.

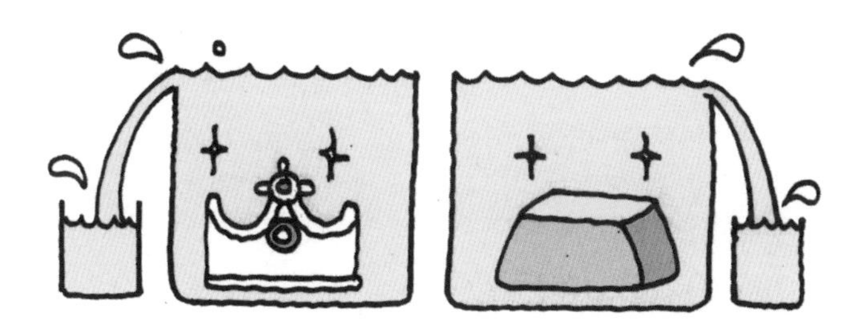

아르키메데스의 원리를 간단히 요약하면 이렇게 쓸 수가 있어요.

물에 잠긴 물체는 위로 향하는 부력을 받으며, 그때의 부력은 밖으로 흘러넘친 물의 무게와 같다.

밀도를 달리하면?

밀도는 물질마다 다르다고 했어요. 그래서 쇳덩이와 돌덩이가 물에는 가라앉아도 수은에는 뜨는 것이라고 했지요.

그런데 수은으로 바꾸지 않고, 물을 그대로 둔 채 밀도를 높이는 방법은 없을까요?

지금 나는 한 손으로는 달걀을 쥐고 있고, 다른 한 손으로는 소금 주머니를 들고 있지요. 그리고 내 앞에는 물이 담긴

통이 있어요. 물속에 달걀을 집어넣어 보겠어요. 예상했던 대로, 달걀이 통 바닥을 향해서 밑으로 쑥 내려가는군요. 달걀이 물보다 밀도가 높다는 뜻이에요.

자, 이때 달걀을 물에 뜨게 하는 방법은 없을까요? 포기는 없다고 했지요? 사고 실험으로 그 답을 찾으러 떠나 보아요.

달걀은 왜 물에 뜨지 못했을까요?

달걀의 밀도가 물보다 높기 때문이지요.

그렇다면 달걀은 절대로 물에 뜨지 못한다는 걸까요?

아니에요.

물의 밀도를 높여 주면 될 거예요.

물의 밀도를 높여 주면 달걀을 뜨게 할 수 있을 거예요.

그런데 어떻게 물의 밀도를 높이지요?

손에 들고 있는 소금을 물에 타 볼게요.

소금이 가라앉는군요.

뿌연 소금가루가 보이니 저어 주어야겠어요.

소금이 물에 거의 다 녹아들어 갔네요.

이건 무엇을 뜻할까요?

그래요, 물 사이사이의 틈으로 소금이 들어가서

공간을 채운 거라고 볼 수가 있어요.

그러니 물속의 공간이 더 빽빽해진 셈이지요.

빽빽해졌다는 건 밀도가 높아졌다는 의미이지요.

밀도가 높아졌으니 가라앉았던 것 중에는

뜰 수가 있는 것이 있을 수도 있겠지요.

그게 달걀이 될 수도 있을 거예요.

자, 이제 달걀을 넣어 볼까요?

결과가 어떻게 나왔나요?

여러분 머릿속에 결과 그림이 뚜렷이 떠올랐나요?

그래요. 소금물을 만들어서 달걀을 넣으면 달걀이 가라앉지 않고 붕 뜨게 된답니다.

사해(死海, Dead Sea)라는 이름을 한 번쯤 들어보았을 겁니다. 소금이 일반 바닷물보다 월등히 많이 녹아 있어서 웬만

한 생물은 그 속에서 살아 나갈 수가 없다고 해서 붙여진 이름이지요. 그곳은 밀도가 워낙 높아서 사람의 몸도 두둥실 뜰 정도예요.

그러면 이런 야심 찬 상상을 해 볼 수도 있을 겁니다.

'물에 쇠를 뜨게 할 수도 있지 않을까?'

가능할까요?

물에 소금을 왕창왕창 타서 저어 주면 된다고요?

아닙니다. 이건 현명한 생각이라고 볼 수가 없겠네요. 소금을 아무리 많이 타서 진한 소금물을 만든다고 해도, 쇠를 띄울 만큼 물의 밀도를 높이기는 어려워요.

쇠를 물에 띄우는 방법은 부피를 변화시키는 것입니다. 쇠를 얇게 펴서 부피를 늘려 주는 형태로 만들면, 밀도를 줄일 수가 있어요.

군함을 생각해 보세요. 군함은 온통 무거운 쇠로 만들어져

있어요. 그런데도 가라앉지 않고, 바다 위를 날렵하게 떠다니지요. 그게 다 쇠를 펼쳐서 부피가 큰 선체를 만들었기 때문에 가능한 것이지요.

만약 군함을 오므리고 오므려서 응축시켜 보세요. 더는 물에 뜰 수가 없답니다.

과학자의 비밀노트

아르키메데스의 원리

유체 속에 있는 물체가 받는 부력의 크기는 그 물체의 부피와 같은 부피에 해당하는 유체의 무게와 같다는 원리이다. 부력의 원리라고도 한다. 부력은 물체를 에워싸고 있는 유체가 물체에 미치는 압력의 합이다. 이 원리는 기원전 220년경 고대 그리스의 수학자 아르키메데스(Archimedes, B.C.287?~B.C.212)가 발견하여 그의 이름을 붙였다. 이 원리에 의해 복잡하게 생긴 물체의 부피는 측정할 수 있게 되었다.

만화로 본문 읽기

아니, 왜 수영은 안 하고 구경만 하고 있나요?
전 수영을 못해서 물에만 들어가면 가라앉아요. 수영을 잘할 수 있는 방법이 없을까요?

이스라엘에 있는 사해에 가면 뜰 수 있을 거예요. 사해는 보통 바다보다 염분이 5배나 많아 수영을 못해도 뜰 수 있어요.
그런 바다가 있어요? 그런데 왜 염분이 높으면 쉽게 뜰 수 있는 거죠?

사람이 물에 가라앉는 이유는 뭘까 생각해 보세요. 사람이 물에 가라앉는 것은 밀도가 높기 때문이에요. 밀도는 물질마다 다른데, 물보다 밀도가 높으면 물에 가라앉고, 낮으면 뜬답니다.

만약 사람이 물에 뜨려면 사람의 밀도를 낮게 만들어야 하는데, 그건 불가능하겠죠? 그럼 어떻게 해야 할까요? 바로 물의 밀도를 높이면 돼요. 이렇게 물에 소금을 녹여서 말이죠.
소금

소금을 물에 녹이면 물 사이사이의 틈으로 소금이 들어가서 공간을 채운답니다. 그럼 물 속 공간이 더 빽빽해지겠죠? 즉, 순수한 물보다 밀도가 높아져 가라앉았던 달걀도 띄울 수 있게 된답니다.

마찬가지로 사람도 사해와 같이 염분이 높은 물에서는 둥둥 떠 있을 수 있게 된답니다.
윽, 하지만 잘못해서 사해 물을 먹게 된다면 큰일 날 것 같아요.

여섯 번째 수업

6

유체와 파스칼의 원리

작은 힘으로 무거운 자동차를 손쉽게
들어 올리는 방법은 없을까요?

6

여섯 번째 수업

유체와 파스칼의 원리

교과 연계

초등 과학 3-1	1. 물질의 상태
초등 과학 4-2	7. 모습을 바꾸는 물
초등 과학 6-1	1. 기체의 성질
중등 과학 1	1. 물질의 세 가지 상태 3. 상태 변화와 에너지
중등 과학 3	2. 일과 에너지

아르키메데스가 여섯 번째 수업을 시작했다.

유체

여긴 사우나실이에요. 사우나실에 들어가는 걸 꺼려 하는 사람들도 있지만, 나 같은 경우는 피곤에 지쳤을 때 사우나실에 들어갔다가 나오면 몸이 개운해져요. 그래서 사우나실을 종종 이용하고 있답니다. 다만, 사우나실에 들어오면 매번 느끼는 거지만, 뜨거운 열기에 숨 쉬기가 다소 버겁다는 것이 흠이라면 흠이겠죠.

어느덧 온몸이 흘러내린 땀으로 흥건해졌군요.

세상에는 여러 가지 물질이 다양하게 존재하고 있어요. 하지만 그들은 세 가지 상태 중의 하나로 반드시 묶이게 되어 있어요.

사우나실의 의자와 벽은 나무로 되어 있지요. 나무는 손으로 누른다고 해서 모양이 쉽게 변하지 않아요. 나무를 이루는 내부 물질이 매우 단단하게 연결돼 있기 때문이지요. 이처럼 응집 상태가 강하게 결합돼 있는 물질을 고체라고 해요.

쇳덩이나 돌덩이, 황금이나 은 · 동, 수조나 군함 같은 것이 모두 다 고체에 속하는 물질들이지요. 이외에도 우리가 주변에서 만져 보아서 딱딱하다고 느껴지는 물질은 거의가 고체라고 보면 돼요.

아, 원래 사우나실에서는 말을 하면 안 되는 건데, 숨이 차서 더는 있기가 힘드네요. 사우나실을 나가야겠어요. 저기 냉탕이 보이는데, 저기로 들어가야겠어요.

휴, 시원하군요. 물속에 들어와 있으니 이제 좀 살 것 같네요.

물은 고체와는 다소 다른 특성이 있어요. 약간만 휘저어 주어도 흐르면서 모양이 변하지요. 이건 고체와는 달리 물을 이루고 있는 내부 물질이 느슨하게 연결돼 있기 때문이에요. 물과 같이 느슨하게 연결돼 있는 상태를 액체라고 해요.

물질의 세 가지 상태 가운데 고체와 액체를 배웠으니, 이제 하나가 남았네요. 남은 하나는 기체라고 하는데, 기체는 공기가 대표적이에요. 우리가 숨을 들이마시고 내뱉을 때, 공

기가 입으로 들어갔다가 나오지요.

공기는 고체는 말할 것 없고 액체보다도 더 유연한 성질을 갖고 있어요. 액체가 흐르긴 해도 떨어지지는 않잖아요. 물을 보아요. 물이 끊어지진 않지요. 그러나 공기는 붙어 있는 경우가 거의 없어요. 공기 입자들은 듬성듬성 떨어져 있지요. 공기처럼 느슨하기가 이를 데 없는 물질 상태를 기체라고 하지요.

물질의 세가지 상태인 고체, 액체, 기체를 배웠어요. 그러나 우리가 여기에서 배우고자 하는 것은 이게 끝이 아니에요. 하나가 더 남아 있어요.

고체의 입장에서 다소 기분이 나쁠 수도 있을 거예요. 왜 나만 빼놓느냐고 불만스러워할 수 있을 테니까요.

유체(流體, Fluid)라는 게 있어요. 유체는 고체를 떼어내 버리고 액체와 기체만을 묶어서 부르는 이름이에요. 유체란 흐르는 물질이란 뜻이지요.

정도의 차이는 있지만, 액체이건 기체이건 흐르는 성질이 있지요. 그러나 고체는 절대로 흐르지 않아요. 고체는 유체의 성질이 없는 셈이지요. 유체의 운동을 연구하는 분야를 유체 역학이라고 하지요.

유체 역학을 말하면서 아르키메데스의 원리를 빼놓을 수는 없지요. 아르키메데스의 원리가 유체 역학에서 차지하는 비중은 실로 막중하지요. 그런데 유체 역학에서 아르키메데스의 원리에 버금갈 만큼 중요한 위치를 차지하는 또 하나의 원리가 있어요. 파스칼의 원리가 그것이에요.

파스칼의 원리

파스칼의 원리는 아르키메데스의 원리 같은 발견 일화가 따로 없어요. 그래서 부득이하게 기구들을 가지고 설명을 하는 수밖에 없답니다.

내 앞에 U자 모양의 관(tube)이 있어요. 관 속에는 물이 가득 차 있고, 관의 양 끝에는 고무마개가 놓여 있어요.

고무마개는 위아래로 움직일 수가 있는데, 관에 완벽하게

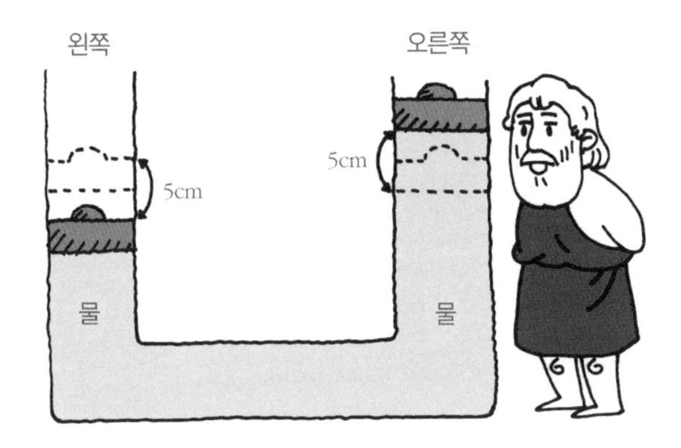

끼워 있어서 물이 샐 틈이 없지요.

왼쪽의 고무마개를 누르면 어떻게 되겠어요?

그래요. 고무마개를 누른 힘이 물을 타고 그대로 전달되어서 오른쪽 고무마개가 들썩일 거예요. 그래서 왼쪽 고무마개가 1cm 내려가면 오른쪽 고무마개는 1cm 올라가고, 왼쪽 고무마개가 5cm 내려가면 오른쪽 고무마개는 5cm 올라갈 겁니다.

삼척동자도 다 알 만한 얘기를 왜 하느냐고요? 그래요. 자신만만한 건 좋아요. 하지만 자만은 절대 금물이에요. 이 말을 꼭 기억하며, 다음 실험을 해 보자고요.

이번에는 다소 모양이 다른 관을 사용해 보겠어요. 보다시피, 모양은 앞과 같은 U자 모양으로 변함이 없어요. 그런데 오른쪽 관의 단면적이 왼쪽보다 10배나 더 넓어졌거든요.

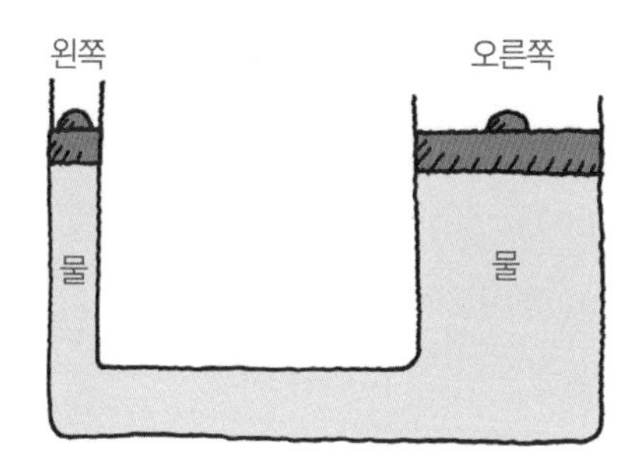

이번에도 왼쪽 고무마개를 눌러 보겠어요. 어떤 결과가 나올 것 같은가요? 어려운가요? 그러면 좀 더 구체적인 숫자를 제시해 볼게요.

왼쪽 고무마개를 1N의 힘으로 누르면, 오른쪽 고무마개는 몇 N의 힘을 받을 것 같은가요?

'당연히 1N이죠'라고 대답하고 싶어 하는 사람이 적지 않으리라고 봅니다만, 결과는 그렇지가 않아요. 오른쪽 고무마

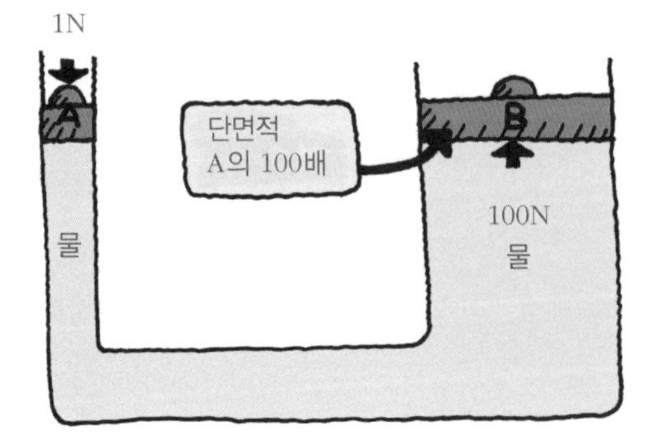

개는 10배의 힘을 더 받게 됩니다. 그러니까 1N의 10배인 10N의 힘을 받는 거죠.

왜 이러한 결과가 나온 걸까요? 그 근거는 고무마개의 단면적에 있어요. 오른쪽 고무마개의 단면적은 왼쪽 고무마개의 단면적보다 몇 배 더 넓다고 했죠. 맞아요, 10배가 더 넓지요. 바로 이 10배가 받는 힘이 된 것이에요.

그러면 이런 질문을 해 볼 수 있을 거예요.

"오른쪽 고무마개의 단면적이 100배 크면 100배의 힘을 받겠네요?"

네, 맞아요. 오른쪽 고무마개는 100배의 힘을 더 받게 되는데, 이게 바로 파스칼의 원리이지요.

파스칼의 원리 : 유체의 한 곳을 누른 압력은 모든 곳 모든 방향으

로 그대로 전달되어서, 단면적에 비례하는 힘을 얻는다.

파스칼의 원리는 공짜로 힘을 얻는 방법이군요!

이러한 원리를 이용한 기구 중에서 대표적인 것이 자동차를 들어 올릴 때 사용하는 유압 잭(oil pressure jack)입니다. 자동차의 타이어에 펑크가 나서 교체해야 하는 경우, 자동차를 들어 올려서 타이어를 교체하곤 합니다. 이때 유압 잭을 타이어 밑에 가져다 놓고 유압 잭을 누르면 신기하게도 자동차가 쑥쑥 올라가지요. 그 무거운 자동차가 몇 번 눌러준 팔 힘만으로 거뜬히 들어 올려지는 겁니다.

자, 이제 감이 잡히나요? '유압 잭은 파스칼의 원리를 응용한 도구이구나' 하는 생각이 얼른 떠올랐나요? 그래요. 손으로 누르는 쪽의 유압 잭 단면적은 좁게 하는 대신에 자동

차를 들어 올리는 쪽의 단면적은 넓게 해 주면, 자동차를 직접 들어 올리는 것과는 비교할 수 없는 적은 힘으로도 자동차를 거뜬히 들어 올릴 수가 있는 것입니다.

일은 평등

그런데 여기서 우리는 진지해질 필요가 있어요. 힘을 덤으로 얻었다는 사실에 너무 흥분해서는 안 된다는 말이에요.

이쯤에서 간과하고 넘어가선 안 되는 세상의 법칙 하나를 되새겨 볼까요.

'세상에 공짜는 없다.'

이 말은 파스칼의 원리와도 거리가 멀지 않아요. 파스칼의

원리를 이용해서 여분의 힘을 공짜로는 얻었지만, 그 일로 잃는 것도 있다는 뜻입니다. 잃는다고 하니까, 손실이라는 부정적인 단어를 즉각 떠올리는 사람도 있을 겁니다. 하지만 뭐 그렇게까지 부정적으로 생각할 필요는 없어요.

유압 잭을 다시 한 번 떠올려 보지요. 유압 잭을 누르면 자동차가 올라가는데, 그 오르는 높이가 어떤가를 유심히 살펴 보았나요? 못 보았다면 다음에는 기회가 생겼을 때 잘 관찰해 보세요.

손으로 누르는 쪽 유압 잭은 상당히 밑으로 내려갑니다. 반면, 자동차를 들어 올리는 쪽의 유압 잭은 그보다는 오르는 폭이 작지요.

자, 이제 알겠어요?

그래요. 힘은 이득을 보았지만, 상승하는 높이에서는 그만큼 손해를 본다는 겁니다. 10배의 힘을 얻었다면, 상승 높이는 10분의 1로 줄어든다는 것이에요.

예를 들어서, U자형 튜브의 왼쪽 고무마개에 1N의 힘을 주어서 10cm를 내려가게 했다면, 그보다 단면적이 100배나 넓은 오른쪽의 고무마개는 그로 말미암아 100N의 힘을 얻게 되지만 상승하는 높이는 10cm의 $\frac{1}{100}$인 0.1cm만큼만 오르게 된다는 말이지요.

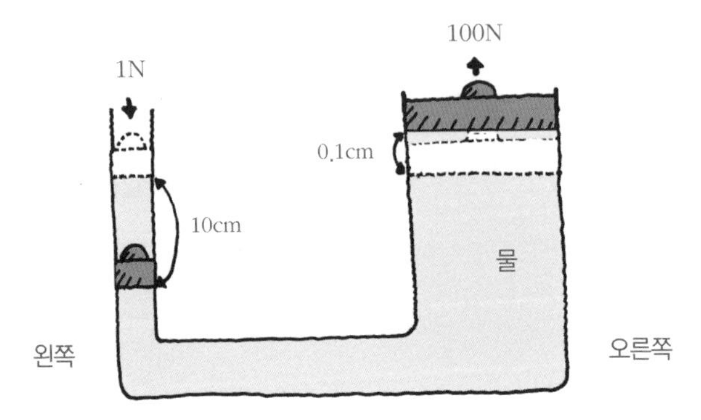

이걸 두고 우리는 이렇게 말하지요.

힘에는 이득이 있으나, 결과적으로 일에는 이득이 없다.

우주 만고불변의 법칙 중 하나인 에너지 보존 법칙이 여기서도 흔들림 없이 이어지고 있는 것이랍니다.

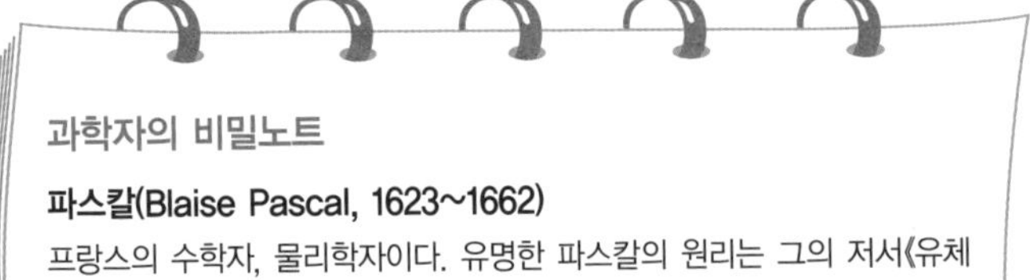

과학자의 비밀노트

파스칼(Blaise Pascal, 1623~1662)

프랑스의 수학자, 물리학자이다. 유명한 파스칼의 원리는 그의 저서《유체의 평형》에 수록되어 있다. 수학, 물리학뿐만 아니라 철학 및 종교학에서도 왕성한 활동을 보였다. 유고집 《팡세》에서는 "인간은 생각하는 갈대와도 같다."라는 명언을 남겼다.

만화로 본문 읽기

우아~, 저 차는 어떻게 저렇게 무거운 짐을 들 수 있는 거지? 대단한 장치도 없는 것 같은데….
바로 파스칼의 원리 때문이랍니다.

파스칼이요? 그게 뭔데요?
파스칼은 유체 역학에 대한 원리를 만든 사람이죠. 그 원리 덕분에 저렇게 작은 장치로 큰 힘을 낼 수 있는 기계들을 만들 수 있답니다.

그렇군요. 근데 유체… 그건 뭔가요?
유체 역학 말이군요. 물질이 고체, 액체, 기체 세 가지 상태로 존재하는 것은 알죠? 여기서 고체는 버리고 액체와 기체만을 묶어서 유체라고 불러요.

유체란 흐르는 물질이란 뜻이에요. 정도의 차이는 있지만, 액체와 기체는 흐르는 성질이 있어요. 이 유체의 운동을 연구하는 분야를 유체 역학이라고 하지요.
아, 그런 거군요.

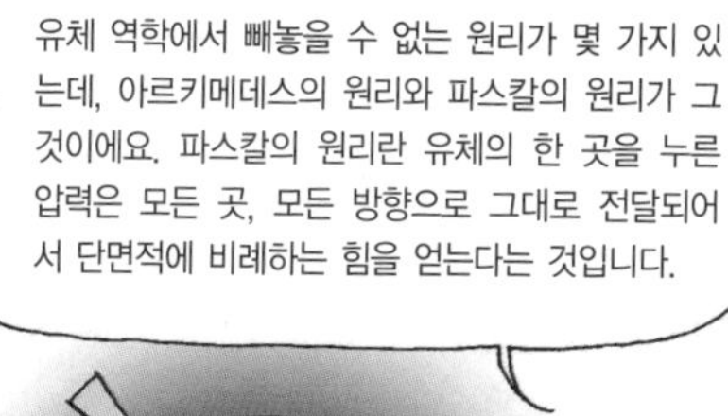

유체 역학에서 빼놓을 수 없는 원리가 몇 가지 있는데, 아르키메데스의 원리와 파스칼의 원리가 그것이에요. 파스칼의 원리란 유체의 한 곳을 누른 압력은 모든 곳, 모든 방향으로 그대로 전달되어서 단면적에 비례하는 힘을 얻는다는 것입니다.

즉, 파스칼의 원리를 이용해 적은 힘으로 큰 힘을 내는 장치를 만들 수 있는 거지요.
와~, 정말 유용한 원리네요.

일곱 번째 수업 7

공기의 부력과 기구

왜 종이봉투는 뜨거운 공기에 뜰까요?
어떻게 하면 뜨거운 공기를 만들 수 있고,
그것이 무슨 역할을 할 수 있는지 알아봅시다.

7

일곱 번째 수업

공기의 부력과 기구

교.	초등 과학 3-1	1. 물질의 상태
과.	초등 과학 6-1	1. 기체의 성질
연.	중등 과학 1	1. 물질의 세 가지 상태
계.	중등 과학 2	1. 여러 가지 운동
	중등 과학 3	2. 일과 에너지
	고등 과학 1	2. 에너지

아르키메데스가 창의성에 대한 이야기로 수업을 시작했다.

공기도 부력을

아주 사소한 것이라도 의문을 품으면 품을수록 창의성은 늘게 되어 있어요. 물론, 그렇다고 해서 의문을 품는 것에서 끝나서는 창의성을 높이는 데 그다지 큰 효과를 거두기는 어려워요. 힘들더라도 그 의문의 답을 끝까지 찾아가는 노력을 기울일 때, 설령 정답을 찾지 못했다고 해도 창의성은 나도 모르게 2배, 3배로 증진된답니다.

유체라는 것에서도 우리는 창의적 발상을 이끌어 낼 수가

있어요. 자, 우리 모두 사고 실험을 해 볼까요.

액체는 유체예요.

유체는 부력을 낳지요.

그런데 유체는 액체만이 아니에요.

기체도 유체에 포함되잖아요.

그렇다면 액체가 부력을 낳으니까

같은 유체인 기체도 부력을 낳아야 하는 게 아닐까요?

기체의 대표 주자는 공기예요.

그러니까 우리가 쉼 없이 들이마시고 내쉬는

공기도 부력을 낳아야 하는 게 아닌가요?

그래요, 왜 안 되겠어요. 옳은 판단이에요. 물과 같은 유체에 속하는 공기도 부력을 만들어 내지요.

물의 부력이 강이나 호수나 바다에서 뜨는 걸 도와준다면, 공기의 부력은 하늘에서 나는 것을 도와주지요.

이게 바로 창의적 발상이란 거예요. 공기가 부력을 발생할 수 있다는 걸 알았으니, 그걸 이용해서 새로운 걸 발명해 낼 수 있을 거예요. 자, 그게 뭘까요? 이어지는 글에 그 해답이 나와 있답니다.

공기의 부력을 이용하기까지

인간은 무엇을 강렬히 이루고자 하는 꿈을 갖고 있지요. 그리고 그것을 꼭 이루려는 힘찬 의지 또한 지니고 있습니다. 이 두 가지는 인간이 지구상의 수많은 생명체 중에서 가장 으뜸가는 존재이게끔 하는 원동력입니다.

인간이 소망을 품기 시작한 건 까마득한 옛날로 거슬러 올라갑니다. 모름지기 인류의 첫 선조가 지구상에 모습을 드러낸 그 순간부터 시작되었다고 보아도 괜찮을 겁니다. 그만큼 인류가 꿈을 꾸기 시작한 욕망의 역사는 길고도 길지요.

인류가 예부터 꿈꿔 온 소망은 여럿 있습니다. 그 가운데 하나가 날고 싶다는 욕망이지요.

인류는 예부터 날고 싶은 간절한 소망을 이루기 위해서 수없이 많은 꿈을 꾸고 부단한 노력을 기울였지요. 하지만 그 구체적인 접근이 과학적으로 잉태되어 나온 시기는 르네상스 시대에 들어와서부터였습니다.

르네상스는 14~16세기에 걸쳐서 이탈리아를 중심으로 일어난 문화 혁명의 도도한 물결이었습니다. 서구 사회에 거대한 변화의 바람을 몰고 온 문화 운동이었으며, 서구 역사가 중세에서 근대로 넘어가는 데 훌륭한 징검다리였지요.

르네상스 시대 이전에는 자유로운 생각을 한다는 게 쉽지 않았습니다. 르네상스 이전의 학문은 오직 신을 연구하는 신학만을 위한 것이었다고 해도 과언이 아니었기 때문이지요. 그러나 르네상스가 시작되면서부터는 사정이 달라졌습니다.

정형화된 틀 속에 갇혀 있던 사고가 문예 부흥의 꽃을 만나면서 새롭게 변모하기 시작했던 겁니다. 권위보다는 합리가, 허위보다는 실증이, 독선보다는 보편적 사고가 온 유럽을 뒤덮기 시작한 것이지요.

과학도 예외가 아니었습니다. 르네상스를 대표하는 최대의 과학자가 바로 레오나르도 다 빈치(Leonardo da Vinci, 1452~1519)였지요. 그는 하늘을 날기 위한 많은 시도를 했지요. 그러나 성공을 거두지는 못했답니다. 레오나르도 다 빈치 이후에도 하늘을 날고자 하는 열망은 계속 이어졌습니다. 그러나 곧바로 그 성과를 얻을 순 없었지요. 비행에 대한 인류의 꿈이 마침내 이루어진 건 18세기 프랑스의 몽골피에 형제가 공기에 의한 부력을 적절히 이용하고 나서부터였답니다.

종이봉투에서 얻은 아이디어

몽골피에 형제라……. 그들에 대한 기억을 영사기를 돌리듯 어린 시절부터 천천히 떠올려 보아야겠군요.

프랑스의 몽골피에(Joseph Michel Moutgolfier, 1740~1810)가 얇은 종이봉투의 열린 쪽을 밑으로 향하게 하고, 불을 쪼여서 풀기를 말리고 있었지요.

그런데 아차 하는 사이에 종이봉투를 놓치자, 기다렸다는 듯이 종이봉투가 공중으로 두둥실 떠오르는 게 아니겠어요.

'어, 신기하네!'

몽골피에는 동생을 불러서 같은 실험을 해 보았습니다. 이번에도 종이봉투는 두둥실 떠올랐지요. 동생도 이 현상을 무척이나 재미있어했지요.

몽골피에 형제는 궁금했습니다.

'더 큰 봉투로 해도 떠오를까?'

몽골피에 형제는 대형 종이봉투를 만들었습니다.

그들의 아버지는 제지업자

였어요. 당시는 요즘처럼 종이가 흔하지 않던 시기였지만, 아버지가 제지업자인 덕에 그들은 어렵지 않게 대형 종이봉투를 만들 수가 있었습니다.

몽골피에 형제는 대형 종이봉투로 같은 실험을 반복했고, 이번에도 결과는 다르지 않았습니다. 다만, 종이봉투가 커지면서 공중으로 날아오르기까지 걸린 시간이 다소 길어졌다는 점이 다를 뿐이었습니다.

실험 정신으로 가득한 몽골피에 형제가 얻은 이 결과는 아주 뿌듯한 발견으로 이어집니다.

뜨거운 공기가 가득 든 종이봉투가 뜨는 이유

어떻게 하면 종이봉투를 떠오르게 할 수 있는지를 머릿속에 그려 보면서 사고 실험을 해 볼까요.

종이봉투를 허공에 가만히 놓으면 뜨지 않아요.

그러나 불꽃 가까이 가져가면 떠올라요.

그렇다고 매번 떠오르는 것은 아니에요.

봉투 속으로 뜨거운 공기가 가득 들어가야만 가능해요.

그렇다면 뜨거운 공기가 종이봉투를 뜨게 했다는 말이네요.
그 이유가 뭘까요?

여기서의 핵심은 뜨거운 공기예요. 어떻게 하면 뜨거운 공기를 만들 수 있고, 그것이 무슨 역할을 하는지를 상상하면서 사고 실험을 계속해요.

뜨거워지려면 열이 있어야 해요.
그렇지요, 열을 받으면 뜨거워져요.
그리고 흥분하지요.
공기도 마찬가지예요.
공기도 열을 받으면 흥분하거든요.
사람은 흥분하면 밖으로 뛰쳐나가려고 하잖아요.
공기도 다르지 않아요.
그래서 열 받은 공기가 달아나려고 하는 거예요.
이런 열 받은 공기가 종이봉투에 들어가면 어떻게 되겠어요?
사방팔방 날뛸 게 불을 보듯 뻔하겠지요.
봉투 안에서 열 받은 공기가 날뛰는 걸 상상해 보세요.
뜨거운 공기가 쉼 없이 좌충우돌하니 종이봉투가 부풀어 오를 거예요.

그런 와중에 어떤 공기는 힘에 밀려서 봉
투 밖으로 밀려나가기도 할 거예요.
이렇게 되면 종이봉투 속에 들어 있는
공기가 점점 줄어들게 되겠지요.
종이봉투 속의 공기가 줄어든다는 것은
종이봉투가 가벼워진다는 뜻이잖아요.
가벼워지면 어떻게 되겠어요?
맞아요, 떠오르지요. 그래서 뜨겁게 데워진 공기가 들어가서
한결 가벼워진 종이봉투가
자연스레 공중으로 떠오를 수밖에 없게 되는 거예요.

이것이 바로, 뜨거운 공기를 가득 담은 종이봉투가 공중으로 떠오르는 이유입니다.

마침내 이루어진 꿈 1

종이봉투가 떠올랐어요. 떠오르는 걸 성공시켰으니 이제 무얼 해야 할까요?

그래요, 사람을 태워 공중에 띄우는 꿈을 꾸어 보아야 하겠지요. 그것이 가능한지, 가능하다면 어떻게 가능한지 사고 실험을 통해서 살펴보아요.

종이봉투 속으로 뜨거운 공기가 가득 채워지기만 하면
종이봉투는 크기에 상관없이 떠올라요.
그러니 이런 생각을 하는 건 매우 자연스러울 거예요.
종이봉투를 이용해서 날아오를 수 있지 않을까?

몽골피에 형제도 이와 똑같은 생각을 했답니다.
여러분, 나와 함께 사고 실험을 계속 이어 갈까요.

떠오르는 매우 커다란 종이봉투에
매달리면
함께 날아오를 수가 있을 거예요.
그러나 맨손으로 종이봉투에 그냥
매달리는 건
몹시 위험할 수가 있어요.
그뿐만 아니라, 힘도 너무 많이 들어요.
그렇다고 종이봉투에 줄을 연결하고
그 줄을 마냥 붙잡고 날아오를 수도 없어요.

이 또한 위험하고 힘이 많이 들기는
마찬가지거든요.
그럼 어떻게 하는 게 좋을까요?
그래요. 바구니를 다는 거예요.
그러고는 그 속에 타는 거예요!

이렇게 해서 종이봉투에 바구니를 줄로 연결한, 날아오르는 탈것이 마침내 만들어지게 되었답니다.

하지만 이것만으로 마무리가 된 것은 아니었습니다. 이것은 단지 시작일 뿐이었지요.

하늘로 날아오르기 위해서 쏟아부어야 할 노력은 이제부터였습니다.

마침내 이루어진 꿈 2

작은 봉투건 큰 봉투건 뜨거운 공기가 채워지기까지의 시간이 다를 뿐이지, 뜨거운 공기를 채운 종이봉투가 하늘로 상승하는 건 틀림없는 일이지요. 하지만 바구니를 달았더니 추가로 고려해야 할 문제가 생겼습니다. 바구니를 달면, 작은 봉투는 뜨거운 공기를 가득 채워도 날아오르기가 버거울 수밖에 없으니까요. 바구니의 무게를 생각해야 했던 거지요. 그래서 종이봉투의 크기를 적절히 조절해야 했습니다.

몽골피에 형제는 바구니와 종이봉투 사이의 크기 관계를 반복적인 실험을 통해서 일일이 확인했지요. 그러고는 마침내 작은 바구니를 달고 날아오르려면 종이봉투의 크기를 어느 정도로 해야 하는지, 큰 바구니를 달고 떠오르려면 종이봉투가 얼마나 커야 하는지를 알아내었답니다.

그런 다음 바구니 안에 물건을 넣는 경우를 고려해야 했습니다. 바구니에 물건을 넣으면 그만큼 더 무거워지기 때문이지요. 그러니 종이봉투는 바구니만을 생각했을 때보다 당연히 더욱 커져야 했습니다.

몽골피에 형제는 작은 바구니에 가벼운 물건을 담는 경우, 작은 바구니에 무거운 물건을 담는 경우, 큰 바구니에 가벼운 물건을 담는 경우, 큰 바구니에 무거운 물건을 담는 경우에 종이 봉투는 각각 어느 정도나 커야 하는지를 꼼꼼히 검사했지요.

그런데 이게 웬일입니까. 하나하나 차근차근 실험을 해 나가는 도중에 예상치 못한 문제가 툭 불거져 나온 것입니다. 봉투를 만드는 재료가 걸림돌이었습니다. 봉투가 작을 때는

별 신경을 쓰지 않아도 되었으나, 바구니가 커지고 그 속에 집어넣는 물체가 점점 무거워지자 종이봉투에 한계가 온 것입니다.

종이봉투를 크게 만들려면 종이를 계속 이어 붙여야 하는데, 그러다 보니까 봉투가 부풀면서 여기저기 터지는 곳이 생겨난 것이지요.

"이 일을 어떻게 해결하지?"

몽골피에 형제는 많이 이어 붙이지 않으면서도 잘 터지지 않는 재료를 찾았고, 질기고 신축성이 좋은 천으로 기구를 만드는 것이 좋겠다고 생각했습니다. 이로써 기구의 주요 재료는 천으로 결정된 것이지요.

쉽게 생각해서, 하늘을 나는 큰 풍선이라고 볼 수 있는 기

구를 만드는 재료가 다 갖추어진 셈이니, 이제 기구를 잘 띄워 올릴 수 있는 방법을 찾는 길만 남았습니다.

뜨거운 공기가 가득 들어가면 팽팽해지니, 기구의 모양은 직사각형이나 정사각형처럼 모서리가 각이 진 형태보다는 공기가 고르게 채워질 수 있는 둥근 형태가 좋을 것입니다.

그리고 뜨거운 공기를 기구로 집어넣기 위해서 불을 지필 때에도 각별히 조심해야 했습니다. 자칫 잘못했다간 불길이 천이나 줄로 확 옮겨붙을 수가 있으니까요.

자칫 불길이 다른 곳으로 옮겨붙기라도 하면, 날아오르기는커녕 사람이 다칠 수가 있으니 각별히 주의해야 했지요.

다음으로, 차가운 공기가 기구 속으로 쉽게 들어가지 못하게 하는 것도 중요했습니다. 이것은 뜨거운 공기를 기구 안에 넣는 것만큼이나 중요했지요.

차가운 공기가 기구 속으로 들어가면, 공기가 다시 무거워지게 되니 공중으로 떠오르기가 그만큼 어렵겠지요. 그러니 공기가 들어가고 나오는 입구는 넓은 것보단 좁은 것이 좋을 겁니다.

몽골피에 형제는 이러한 아이디어를 종합하여 날아오르기에 적당한 기구를 만들어 내었습니다.

이 소식은 곧바로 프랑스 왕의 귀에까지 들어가게 되었습

니다. 그리하여 1783년 9월 베르사유 궁전에서, 루이 16세와 신하들이 지켜보는 가운데 몽골피에 형제의 역사적인 비행이 이루어지게 되었습니다.

기구에는 양과 닭과 오리를 태웠고, 기구는 2km 남짓하게 날아 근처 숲에 무사히 착륙했지요.

2개월 후에는 기구에 사람을 태웠습니다. 두 사람을 태운 기구는 500여 m 높이까지 떠오르며 25분간 9km 남짓한 거리를 날았습니다.

여기까지의 여정에, 인간의 창의성이 기여한 공로를 사고 실험 방식으로 요약하면 이렇게 되겠지요.

물에는 부력이 있어요.

물은 액체예요.

액체는 유체예요.

기체도 유체에 포함돼요.

기체에는 공기가 있어요.

물은 부력이 있으니, 공기도 부력이 있어야 할 거예요.

공기의 부력은 공중으로 떠오르게 해 줄 거예요.

그래서 공기의 부력으로 기구를 뜨게 할 수가 있어요.

기구 끝에 바구니를 매달고 그 속에 사람을 태우면

기구와 함께 날아오를 수가 있어요.

인간이 마침내 하늘로 날아오르기까지는 아주 오랜 세월이 걸렸지만, 머릿속 사고 실험을 이용하면 이렇게 산뜻하게 그 흐름을 짚어 낼 수가 있는 겁니다.

사고 실험이 왜 중요한가를 이제 알겠죠?

만화로 본문 읽기

18세기 프랑스의 몽골피에 형제예요. 처음엔 얇은 종이봉투의 열린 쪽을 밑으로 향하게 하고, 불을 쪼여서 풀기를 말리다가 종이봉투가 갑자기 공중으로 두둥실 떠올랐답니다.

뜨거운 공기가 열기구 안으로 들어가면 사방팔방 날뛰니까 열기구가 부풀어 오르고, 또 열기구 밖으로 밀려 나가기도 하지요. 그러면 열기구 속 공기가 점점 줄어들게 되어 가벼워지니까 당연히 떠오르지요.

여덟 번째 수업

8

열기구와 가스 기구

풍선이 떠오르지 않는 건 무엇 때문일까요?

기체의 종류에 대해서 알아봅시다.

8

여덟 번째 수업

열기구와 가스 기구

교과 연계

교과	단원
초등 과학 3-1	1. 물질의 상태
초등 과학 6-1	1. 기체의 성질
중등 과학 1	1. 물질의 세 가지 상태
	7. 힘과 운동
중등 과학 2	1. 여러 가지 운동
중등 과학 3	2. 일과 에너지

아르키메데스가 열기구를 설명하면서 여덟 번째 수업을 시작했다.

공기보다 가벼운 기체

몽골피에 형제가 만든 것은 열기구였습니다. 열기구란 말 그대로, 열로 데운 공기를 이용한 기구이지요. 그렇다면 이런 생각을 해 볼 수 있을 겁니다.

'기구는 열기구만 가능한 것일까요?'

여러분, 불가능이 있다고 보세요?

나는 불가능은 없다고 생각해요.

단지 우리가 그걸 발견해 내거나 발명해 내지 못했을 뿐이

라고 생각해요.

이런 뜻에서 열기구 이외의 기구도 생각해 볼 필요가 있다고 봐요. 자, 이번에도 역시 사고 실험을 해봅시다.

기구가 떠오를 수 있는 이유는 무엇이었지요?
맞아요, 기구 안이 가벼워졌기 때문이었어요.
그러니 기구 안을 가볍게만 해 주면
기구는 얼마든지 자연스럽게 떠오를 거예요.
기구의 내부를 가볍게 할 수 있는 방법은 뭘까요?
그래요, 2가지가 가능해요.
하나는 몽골피에 형제가 했던 대로 뜨거운 공기를 집어넣는 방법이

에요.

그리고 다른 하나는 가벼운 기체를 넣는 방법이에요.

가벼우면 공중으로 떠오를 테니까요.

여기서 가벼운 기체란, 공기보다 가벼운 기체를 말하지요. 공기는 하나의 물질로 이루어진 것이 아니에요. 여러 종류의 기체가 모여서 이루어진 혼합물이지요. 질소, 산소, 이산화탄소, 수소, 헬륨, 아르곤, 메탄, 이산화질소와 같은 다양한 기체가 모여서 구성된 것이죠.

이 중에서 가장 많은 양을 차지하고 있는 것은 질소로 78% 정도 섞여 있어요. 그다음은 산소로 21%가량 포함돼 있지요. 나머지 기체들은 아주 조금씩 들어 있을 뿐이에요.

각각의 기체가 공기 속에서 차지하는 비율이 다른 것처럼, 그들은 나름의 다른 무게를 지니고 있어요. 사람마다 몸무게가 다른 것처럼 공기를 구성하는 여러 기체들의 무게도 각각 다르다는 말이지요.

공기 중에는 무거운 기

체도 있고, 가벼운 기체도 있어요. 우리 반에도 나보다 몸무게가 더 나가는 친구가 있는가 하면, 몸무게가 덜 나가는 친구가 있는 것처럼 말이에요. 그러니 공기를 구성하는 기체들의 무게를 합치고 평균을 구하면 그게 무엇이겠어요? 맞아요. 그게 바로 공기의 무게가 되는 거예요.

가벼우면 어떻게 되죠?

—떠올라요.

그래요. 그러면 무거우면 어떻게 되죠?

—가라앉아요.

맞아요. 따라서 공기의 평균 무게보다 가벼운 기체는 어떻게 되겠어요? 하늘로 상승할 겁니다.

반면 공기의 평균 무게보다 무거운 기체는 어떻게 되겠어요? 땅바닥으로 내려앉을 테지요.

공기보다 가벼운 대표적인 기체에는 수소와 헬륨이 있어요. 수소가 기체 가운데 가장 가볍고, 헬륨은 그다음으로 가볍습니다.

수소와 헬륨의 이용

공기 속에는 가벼운 기체가 있다는 사실을 알았고, 또한 그것이 무엇인지를 구체적으로 알았으니 이제 무엇을 해야 할까요? 그렇습니다. 그걸 날아오르는 데 응용해야 할 거예요.

우리 모두 사고 실험을 해 봐요.

수소나 헬륨은 매우 가벼워요.

가벼운 건 위로 뜨게 되어 있어요.

그래서 수소나 헬륨은 아주 쉽게 하늘로 떠오를 수 있어요.

그러니 수소나 헬륨을 기구에 넣으면 어떻게 되겠어요?

기구가 가벼워질 거예요.

가벼워졌으니 보란 듯이 두둥실 떠오를 거예요.

수소나 헬륨과 같이 매우 가벼운 기체를 기구 안에 집어넣어서 뜨게 만든 기구를 가스 기구라고 해요. 그러니까 기구에는 열기구뿐만 아니라 가스 기구도 있는 거예요.

입으로 분 풍선과 놀이 공원에서 산 풍선

여러분, 풍선을 불어 본 경험이 있지요? 그때의 기억을 되살릴 수 있으면 잘 떠올려 보세요. 그렇지 않으면 나와 함께 풍선을 불어 보아요.

푸우, 오랜만에 힘껏 풍선을 불었더니, 입안이 얼얼하네요. 풍선이 팽팽해졌군요. 팽팽해진 풍선이 아주 가볍군요.

자, 이제 풍선을 손에서 놓아 보겠어요. 어떤 결과가 나올까요? 우리 다 같이 그 결과를 사고 실험으로 알아볼까요.

어, 이상하네요.

가벼우니까 당연히 날아오를 거라고 생각했는데

이거 예상과는 달리 풍선이 떠오르지 않네요.

이거 참, 사람 무안하게 하는군요.

살짝 튕겨 주지 않아서 떠오르지 못하는 게 아닌가 싶어서

손바닥으로 풍선을 통 튕겨 떠올려 보았어요.

하지만 마찬가지예요.

튕겨 주는 순간에는 약간 떠오르는가 싶더니 이내 다시 제자리를

찾아서 내려오네요.

왜 이런 일이 벌어지는 걸까요?

내가 분 풍선이 불량품일까요?

풍선은 흠잡을 데가 없어요.

그러니 품질이 안 좋은 풍선은 아니거든요.

그런데 왜 떠오르지 않는 걸까요?

모든 일에는 반드시 원인이 있게 마련이에요. 풍선이 떠오르지 않는다면 거기에도 다 이유가 있는 거지요.

먼저 생각해 볼 수 있는 원인으로는 풍선의 겉으로 드러나는 재질 상태가 좋지 않아서라고 볼 수 있을 거예요. 그러나 풍선은 아무리 뜯어보고 또 뜯어보아도 훌륭한 재질로 된 것이었어요. 그러니 재질이 나빠서 풍선이 떠오르지 않은 거라고는 할 수가 없어요.

다음은 풍선의 내부 상태를 생각해 볼 수가 있어요. 내부

상태라면 풍선 속을 생각해 볼 수가 있겠지요. 풍선 내부에는 공기가 들어 있어요. 그것도 풍선이 팽팽해지도록 가득 말이에요.

그러면 이 공기가 풍선이 떠오르지 못하는 것과 어떤 관련이 있다는 건지, 그 해답을 사고 실험으로 우리 같이 해결해 보아요.

하늘로 오르지 못한다는 것은 무겁다는 뜻이에요.
그러면 풍선이 무거워졌다는 말인데요.
이상하네요, 들어 보아도 풍선은 가벼운 걸요.
그런데 풍선이 무거워졌다니…….
아, 맞아, 그게 아니네요.
이제 기억이 나네요.
무거움과 가벼움은 절대적인 게 아니라고 했었지요.
무엇과 비교하느냐에 따라서
무거운 것이 가벼운 것이 될 수가 있고,
그 반대로 가벼운 것이 무거운 것이 될 수가 있었어요.
그래요. 풍선은 가벼운 게 아니었어요.
오히려 무거워진 거예요.
풍선이 분명히 무거워졌으니

이제 무엇과 비교해서 풍선이 무거워졌는지를 찾아야겠군요.

그 무엇을 찾으면 풍선이 왜 무거워졌는지를 똑똑히 알 수 있을 테죠.

그러면 그 무엇인가가 무얼까요?

풍선 속에는 기체가 들어 있을 뿐이에요.

풍선이 하늘로 날아오르려면

안에 담겨 있는 기체가 가벼운 것이어야 해요.

수소나 헬륨 같은 기체가 들어가 있어야지요.

그래야 가스 기구처럼 가뿐히 떠오를 테니까요.

그런데 내가 띄우려고 한 풍선 속에는 어떤 기체가 들어가 있죠?

그렇군요, 수소나 헬륨이 들어가 있는 게 아니었어요.

그냥 일반 공기로 가득할 뿐이에요.

내가 입으로 불어서 공기를 풍선 속에 집어넣었으니

당연히 그럴 수밖에 없는 것이지요.

내가 숨 쉬는 공기는 수소와 헬륨만이 들어 있는 게 아니잖아요.

아니, 수소와 헬륨은 거의 들어 있지 않다고 봐도 괜찮아요.

산소와 이산화탄소 같은 기체가 그 속에는 상당수 포함되어 있어요.

산소와 이산화탄소는 무거운 기체예요.

이런 무거운 기체가 풍선 속에 가득 들어가 있으니

풍선이 가벼워졌다고 말할 수 있겠어요?

맞아요. 그럴 수 없어요.

그러니 풍선이 떠오를 수가 있겠어요?

당연히 떠오를 수가 없겠지요.

차라리 감나무 아래에 누워 감이 떨어지길

기다리는 편이 더 빠를 거예요.

반면, 놀이 공원에서 파는 풍선은 쉽게 날아올라요.

아차 하는 순간 쥐고 있던 풍선 줄을 놓치기라도 하면

곧바로 하늘 높이 올라가 버려요.

그 이유를 알겠어요?

그래요, 놀이 공원에서 파는 풍선 속에는 가벼운 기체가 들어 있는 거예요.

그렇습니다. 입으로 분 풍선은 날아오르지 못하지만, 놀이 공원에서 산 풍선은 쉽게 하늘로 떠오릅니다. 입으로 분 풍선에는 공기가 들어가지만, 놀이 공원에서 산 풍선에는 수소나 헬륨을 집어넣기 때문이지요.

공기가 들어가 있으니 입으로 분 풍선은 주위 공기와 무게가 엇비슷해서 아무리 띄우려고 해도 잘 떠오르지 못하는 거예요. 하지만 수소나 헬륨을 넣은 풍선은 공기보다 상대적으로 가벼우니 가만히 놔두어도 저절로 뜰 수밖에 없는 거예요.

공기의 이러한 특성을 파악하고, 기구에 가벼운 기체를 넣어서 날아오르겠다고 마음먹은 사람이 프랑스의 샤를(Jacgues Charles, 1746~1823)입니다.

샤를은 압력이 일정할 때 기체의 온도와 부피에 대해 연구해서 샤를의 법칙을 알아낸 훌륭한 과학자예요.

몽골피에 형제가 열기구 실험에 성공한 그해 12월, 샤를은 수소를 듬뿍 채워 넣은 기구를 타고 하늘을 날아올랐습니다. 환호하는 군중을 내려다보며 샤를은 40km 남짓한 거리를 멋지게 날았지요.

떠오르는 힘을 부력이라고 한다는 건 앞에서도 여러 차례 언급했지요. 그리고 부력은 물뿐만 아니라 공기에 의해서 생긴다는 것도 수차례 말했지요. 하지만 그런데도 공기에 의해서 부력이 생긴다는 걸 많은 사람들이 잘 이해하지 못하고 있어요. 부력이라고 하면 으레 물만 생각하거든요.

자, 다음의 사실을 꼭 명심하도록 하세요.

바다에 배가 떠 있을 수 있는 건 물이 떠올려 주는 부력 때문이다. 같은 이유로, 기구가 공중으로 날아오를 수 있는 건 공기가 떠올려 주는 부력 때문이다.

기구의 활용

처음에는 하나의 목적만 위해 만들었다고 해도, 만들어 놓고 보니 여러모로 쓸모가 있음을 발견하는 경우가 드물지 않지요. 기구도 그런 면에서 예외가 아니었어요.

애초에는 공기의 부력을 적절히 이용해서 하늘로 날아오르고 싶다는 강한 욕망으로 만든 것이 기구였지요. 그런데 일단 공중으로 떠오르는 데 성공을 하고 보니, 기구를 다른 용도로도 사용할 수 있다는 걸 알게 된 거예요.

기구는 전쟁 기간 동안에 군사적 목적으로 폭넓게 이용했습니다. 우선은 바람이 적군 쪽으로 불 때, 폭발물을 가득 실은 기구를 적진 상공까지 날려 보낸 뒤 터지게 함으로써 적군

에게 커다란 피해를 입히곤 하였지요.

다음은 정찰용으로 사용했지요. 높은 곳에 올라가서 내려다보면 적군의 배치와 이동을 한눈에 파악할 수가 있어요.

그리고 적군에게 완전히 포위되었을 때 우편물을 기구에 실어서 아군에게 자신들의 상황을 알리는 데도 이용했습니다.

만화로 본문 읽기

풍선에 바람을 불어 넣었는데도 제 풍선은 다른 풍선들처럼 하늘로 떠오르지를 않아요.

먼저 왜 그럴까? 하고 생각을 해 봐요.

아, 그렇구나! 풍선의 재질은 서로 똑같으니까 풍선 안에 있는 공기가 서로 다른 거예요.

이산화탄소 + 산소

그래요. 입으로 분 풍선 안에는 공기보다 무거운 산소와 이산화탄소가 가득 들어 있지요.

하지만 풍선 장수 아저씨의 풍선에는 공기보다 가벼운 기체인 수소나 헬륨이 들어 있어 쉽게 하늘로 떠오를 수 있는 거예요.

수소

공기의 평균 무게보다 가벼운 기체는 하늘로 떠오르고, 무거운 기체는 가라앉는 것이군요.

아 홉 번 째 수 업

9

가고자 하는 방향으로 갈 수 있는 비행선

공중에서 방향을 자유자재로 바꾸어 가며 비행할 수는 없을까요?
하늘에서 원하는 방향으로 움직일 수 있는 원리를 알아봅시다.

9

아홉 번째 수업

가고자 하는 방향으로 갈 수 있는 비행선

교과연계		
교.	초등 과학 6-1	1. 기체의 성질
과.	중등 과학 2	1. 여러 가지 운동
연.	중등 과학 3	2. 일과 에너지
계.	고등 과학 1	2. 에너지
	고등 물리 I	1. 힘과 에너지

아르키메데스가
아홉 번째 수업을 시작했다.

기구보다 나은 비행선

열기구와 가스 기구는 날고자 하는 인류의 오랜 숙원을 이루어 주었어요. 그러나 사람들은 기구에만 만족할 수는 없었습니다. 공중에 뜨기만 하면 더 바랄 것이 없을 듯싶었으나, 하늘 위로 떠오르는 데 일단 성공하고 나니 또 다른 욕심이 생긴 거지요.

공중에서 방향을 바꾸며 날 수는 없을까?

몽골피에의 열기구나 샤를의 가스 기구는 떠오르는 데는

별 문제가 없었으나, 가고 싶은 방향으로 마음대로 갈 수 없다는 문제점을 안고 있었습니다. 동쪽으로 날아가고 싶은데, 바람이 서쪽으로 불면 어쩔 수 없이 바람의 흐름을 쫓아서 그 쪽으로 비행을 할 수밖에 없었지요.

공중에서 가고자 하는 쪽으로 방향을 틀려면 힘이 있어야 합니다. 바람의 힘을 이기고 나아갈 수 있는 힘(동력)이 있어야 하는 거지요. 그러자면 엔진을 달아야 하는데, 여기서 비행선이 탄생했습니다.

1852년 프랑스의 지파르(Henri Jacgues Giffard, 1825~1882)는 증기 엔진을 장착하고 프로펠러를 단 비행선을 처음으로 만들었습니다. 증기 엔진과 프로펠러는 비행선의 풍성한 공기주머니에 직접 단 것이 아니라, 공기주머니와는 별도의 공간인 곤돌라에 달았습니다.

곤돌라는 비행선을 운전할 조종사와 사람이 탈 수 있는 공간이라고 생각하면 돼요. 곤돌라는 공기주머니 밑으로 줄을

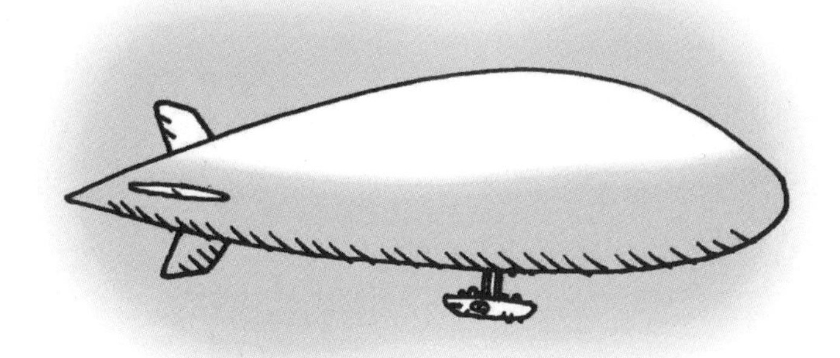

길게 늘어뜨려서 비행선과 연결했지요.

비행선에 단 프로펠러는 쉽게 생각해서, 물장구치는 기계라고 생각하면 됩니다. 물에서 앞으로 나아가려면 양발로 물장구를 쳐 주어야 하잖아요. 마찬가지로 비행선이 전진하기 위해서도 앞으로 나아가게 하는 힘이 절실히 필요한데, 프로펠러가 그 역할을 충실히 해 주는 것이랍니다.

기구의 비행이 공기에 의한 부력에만 전적인 도움을 받는 것이라면, 비행선은 공기에 의한 부력에다가 프로펠러와 엔진이 만들어 내는 동력의 도움까지 받으면서 하늘을 비행하는 셈이지요.

유선형으로

증기 엔진에다가 프로펠러까지 달았으니, 비행선은 이제 공중에서 방향을 자유자재로 바꾸어 가며 비행할 수가 있게 되었습니다. 이건 참 고마운 발견이었지요. 여기에 한 가지를 더 추가하면 비행선이 더 멋진 비행을 하게 됩니다.

'비행선을 좀 더 빠르게 움직이도록 할 수는 없을까?'

도로에서 자동차가 씽씽 내달리는 것처럼, 하늘에서도 비행선이 씽씽 내달릴 수 있는 방법을 과학자들이 고민하기 시작한 겁니다.

증기 엔진보다 성능이 월등한 엔진을 달면, 비행선은 빨리 이동할 수가 있습니다. 하지만 그런 엔진을 하루아침에 만드는 것이 결코 쉬운 일은 아니지요. 요즘에야 현대 과학의 도움을 얻어서 굉장한 출력을 내는 우수한 엔진을 만들어 내지만, 당시에는 주 엔진이라고 해 봐야 증기 엔진 정도가 고작이었고, 잘해야 자동차에 쓰이는 가솔린 엔진이었지요.

더구나 엔진의 성능을 높여서 비행선의 운동 효율을 높이려는 시도는 최선이라고 보기도 어려운 방법이랍니다. 왜냐하면 성능이 똑같은 엔진을 달고서도, 비행선을 약간 손보는 것만으로 훨씬 빨리 움직이게 할 수가 있기 때문이지요.

자, 그 방법이 어떤 것인지 사고 실험을 해 보아요.

기구는 공처럼 둥글어요.

그러한 모양은 열기구나 가스 기구가 다르지 않아요.

그렇다 보니 공기의 저항을 크게 받을 수밖에 없어요.

저항이 크면 전진하는 데 힘이 많이 들지요.

에너지를 많이 소모하게 되니까요.

그래서 열기구나 가스 기구는 같은 에너지를 쓰고도

속력을 내기가 어려워요.

어디 이뿐인가요.

에너지를 많이 쓰면 공중에서 오래 머물러 있기도 어렵겠지요.

그렇습니다. 열기구나 가스 기구가 속력을 내기 어렵고, 하늘에 오래 머물러 있기 어려운 이유는 모양 때문입니다. 그래서 빠르고 오랫동안 비행하기 위해서는 모양을 바꾸어야 하는 것이지요.

자, 사고 실험을 계속할까요.

바람이 불어요.

그 바람에 맞서 손바닥을 바로 세우겠어요.

손에 부딪히는 바람이 강해요.

이번엔 손바닥을 뉘어 보겠어요.

손을 치고 가는 바람이 약하군요.

이건 무엇을 뜻할까요?

바람을 적게 받으려면, 앞쪽이 뾰족해야 한다는 뜻이지요. 축구공이 아닌, 럭비공처럼 만들어야 한다는 의미입니다.

비행선을 한 번 보세요. 형태가 기구와는 사뭇 다르지요. 기다란 몸체에, 앞쪽은 뾰족하게 돼 있어요. 물고기 모양과 비슷하답니다. 이러한 모양을 유선형이라고 해요.

지상이나 물속에서 빨리 움직이려면, 저항을 적게 받도록 하기 위해서 유선형으로 만든답니다. 비행기와 로켓 그리고 우주선도 다 유선형이지요. 물론, 새도 유선형의 몸통을 가졌어요.

올림픽에서 사이클 경기를 하는 선

수가 머리에 날렵한 모양의 모자를 쓰고, 몸을 굽힌 채 페달을 밟는 걸 보았을 거예요. 이게 다 공기의 저항을 적게 받도록 몸을 유선형으로 만드는 행동이에요.

비행선의 상승과 하강 원리

비행선은 어떻게 뜨고 내릴까요?

비행선이 뜨고 내리는 원리는 의외로 간단하답니다. 가벼우면 올라가고, 무거우면 내려오는 원리를 이용하지요. 그렇다면 어떻게 비행선을 가볍게 하고 무겁게 할 것인가가 문제가 되겠지요.

열기구나 가스 기구에 무거운 모래 주머니를 가득 실어 놓으면, 아무리 뜨거운 공기를 팽팽히 가득 채워 넣었다고 해도 기구가 쉽게 떠오르지 않지요. 그러나 모래 주머니를 하나둘 밖으로 내던지면 어떻게 되겠어요.

가벼워진 기구는 서서히 하늘로 날아오르기 시작할 것입니다. 비행선도 마찬가지입니다. 다만, 무게를 조정하기 위해서 이용하는 것이 모래 주머니가 아니란 사실이 다를 뿐이지요.

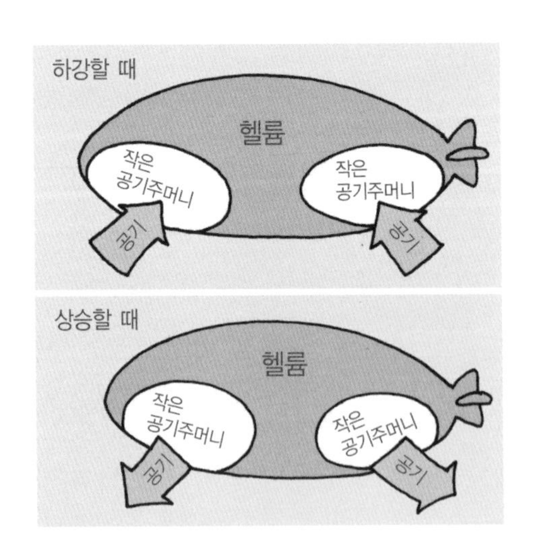
하강할 때
헬륨
작은
공기주머니
작은
공기주머니
공기
공기
상승할 때
헬륨
작은
공기주머니
작은
공기주머니
공기
공기

비행선의 길쭉한 주머니에는 공기보다 가벼운 수소나 헬륨을 가득 채워 넣습니다. 물론 비행선을 띄우는 데 이 기체들을 모두 다 뺐다 채웠다 하는 것은 아니지요. 너무나 위험한 일이기 때문이에요. 기체가 순식간에 빠져나가거나 한꺼번에 들어오면 비행선이 추락하거나 제멋대로 급상승할 수가 있으니까요.

한 번 생각해 보세요. 비행선을 타고 하늘 높이 떠 있는데, 비행선이 제멋대로 하강했다가 곧바로 상승하는 걸 수시로 반복한다면, 조마조마한 마음에 무서워서 견딜 수가 없을 겁니다. 대단한 강심장을 가진 사람이 아닌 이상, 그런 비행선을 타겠다고 감히 나서는 사람은 없을 겁니다.

그래서 비행선에는 작은 공기주머니를 따로 둔답니다. 이미 가득 채워 놓은 수소나 헬륨은 건드리지 않은 채, 작은 공기주머니로 비행선의 무게를 조절하는 것이지요. 작은 공기주머니에 공기를 넣으면 비행선이 무거워져서 내려가고, 공기를 빼내면 가벼워져서 위로 떠오르게 됩니다.

그러나 승객이 타는 공간은 수소나 헬륨을 집어넣는 공기주머니와는 아무런 상관이 없답니다. 승객은 공기주머니 안에 머무는 것이 아니라, 공기주머니 밑에 따로 마련한 공간에서 즐겁게 비행을 만끽하거든요.

만화로 본문 읽기

1852년 프랑스
지금 날고 있는 모양의 기구로는 방향을 바꿀 수도 없고 바람 부는 데로만 가야 하니 너무 불편해! 개선점을 찾아야겠어.

바람의 힘을 이기고 나아갈 수 있는 동력이 있어야 해! 그러자면 엔진을 달아야 하는데….

하하하, 드디어 비행선이 완성됐어!
비행선이 뭐예요?

기구의 비행이 공기의 부력만 도움을 받는다면, 비행선은 공기의 부력에 프로펠러와 엔진이 만드는 동력의 도움까지 받으며 하늘을 비행한단다.

몸통도 공기의 저항을 적게 받도록 하기 위해서 유선형으로 만든 거지.
유선형이요?

손바닥을 세우면 손에 부딪히는 바람이 강하지. 바람을 적게 받으려면 손바닥을 눕혀 앞쪽이 뾰족해야 해. 물고기와 비슷한 이러한 모양을 유선형이라고 한단다.
그래서 새의 몸통도 유선형이군요.

마지막 수업 10

비행선 **폭발**의 **교훈**

힌덴부르크 호가 폭발한 이유는 뭘까요?

10

마지막 수업

비행선 폭발의 교훈

교과연계.

초등 과학 6-1	1. 기체의 성질
초등 과학 6-2	5. 연소와 소화
고등 과학 1	3. 물질
고등 화학 I	1. 우리 주변의 물질

아르키메데스가 못내 아쉬운 표정으로 마지막 수업을 시작했다.

비행선 전성시대

1852년 프랑스의 지파르가 비행선을 띄워 올리는 데 성공한 이후, 선진 유럽 국가들 사이에서는 비행선을 제작하는 열기가 한껏 달아올랐습니다.

그 가운데 비행선 시대를 활짝 연 국가는 프랑스가 아닌 독일이었습니다. 평소 비행선에 관심이 많던 독일의 체펠린(Ferdinand Zeppelin, 1838~1917)이 비행선 사업에 열정적으로 뛰어들었습니다. 그는 성능이 우수한 엔진에 알루미늄으

로 골격을 짠 대형 비행선을 만들었지요.

체펠린은 세계 최초의 항공사인 독일 비행선 주식회사를 세웠습니다. 사람을 태우고, 화물을 실어 날라다 주는 사업을 본격적으로 시작한 것이지요.

요즘의 항공사가 대형 여객기를 이용해서 하고 있는 장사를 그는 이미 그때 시작한 것입니다.

체펠린 항공 회사는 제1차 세계 대전이 일어나기 전까지 하루에 한 번꼴로 운행을 하면서 수만 명의 고객을 확보했습니다.

체펠린 항공 회사는 제1차 세계 대전이 일어났을 때에는

전투에 참여하기도 했습니다. 폭격하고 싶은 지역으로 날아가서 손으로 직접 폭탄을 떨어뜨렸지요. 컴퓨터 자동 제어 시스템으로 작동되는 요즘의 폭격기와 비교하면 원시적인 수준이라고 볼 수 있으나, 당시에는 이 정도만으로도 엄청난 공포의 대상이 되었답니다.

1900년에 체펠린이 제작한 비행선은 '체펠린 호'라고 이름 붙여졌으며, 사람과 짐을 한꺼번에 실어 나른 역사상 최초의 항공기로 기록되어 있습니다.

참고로, 세계 최고의 음악인이라고 칭송받는 전설적인 록 그룹 레드 제플린(Red Zepppelin)이 있습니다. 이들의 그룹 이름이 독일의 비행선 제작자인 체펠린의 이름에서 따왔다는 사실을 아시는지요.

힌덴부르크 호의 폭발

공항 근처에 가 보면, 뜨고 내리는 항공기 소리가 아주 요란하지요. 이와 비교할 수준은 물론 아니지만, 20세기 초에도 하늘이 붐볐지요.

제1차 세계 대전이 끝나자 다양한 종류의 비행선이 선을

보이며, 도시와 도시를 연결해 주는 주요한 교통 수단으로 자리잡았거든요. 그중에서 가장 인상적인 것이 독일의 힌덴부르크 호였지요.

힌덴부르크 호는 길이가 무려 250여 m나 되는 초대형 비행선이었습니다. 오늘날의 대형 점보 여객기가 70m쯤 되니, 크기가 엄청난 것이었지요. 힌덴부르크 호는 대형 식당과 도서관, 카페뿐 아니라 냉수와 온수가 나오는 목욕탕에 전망대와 피아노까지 갖춘 호화로운 비행선이어서 한 번 타려면 엄청난 돈이 들었습니다.

바다에 호화 유람선 타이타닉 호가 있다면, 하늘에는 호화 비행선 힌덴부르크 호가 있다는 말이 생겨났을 정도였으니까요. 그런데도 호화 비행선을 타려는 부자들은 늘 끊이질 않았답니다.

힌덴부르크 호는 100명에 가까운 인원을 태우고, 대서양을 건너 유럽과 미국을 오가며 큰 성공을 거두었습니다. 그러나 힌덴부르크 호의 화려한 성공은 1937년 5월을 끝으로 막을 내렸습니다.

'콰광!'

미국의 레이크허스트 공항 격납고로 들어서는 순간, 천둥 같은 소리를 내뿜으며 힌덴부르크 호가 폭발하고 만 것입니

다. 승객과 승무원은 불이 붙은 몸뚱이를 허우적대며 생명의 마지막 몸부림을 쳤습니다. 초호화 비행선에서 일순간 아수라장으로 변해 버린 힌덴부르크 호는 그야말로 생지옥 그 자체였지요.

그런데 이 장면이 마침 그곳에 있던 카메라맨의 카메라에 생생하게 잡힌 것입니다. 힌덴부르크 호의 폭발 장면은 미국의 영화관에서 상영되어 큰 충격을 주었습니다.

힌덴부르크 호, 왜 폭발했을까?

항공기 사고는 거의가 대형 사고로 이어지기 때문에, 아무리 조심해도 지나치지가 않아요.

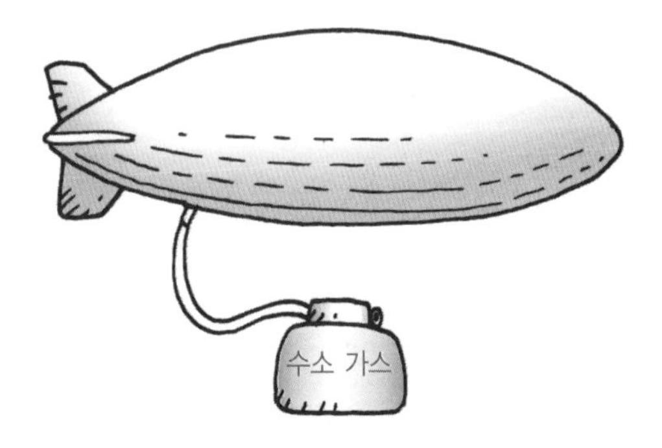

결과에는 항상 원인이 있듯, 힌덴부르크 호가 폭발했으니 그 원인을 찾아야 했지요. 알고 보니 힌덴부르크 호의 폭발 원인은 비행선의 몸통을 가득 채운 가스에 있었습니다.

힌덴부르크 호는 수소를 사용했습니다. 정전기 현상으로 발생한 전기 불꽃이 공기주머니에 담긴 수소를 폭발하도록 자극했고, 불은 삽시간에 비행선 전체로 옮겨붙었던 겁니다.

수소는 가장 가벼운 기체라는 장점이 있는 반면, 폭발할 위험이 큰 물질이라는 단점도 있습니다. 수소는 약한 불꽃에도 쉽게 폭발하는 특성이 있어요. 힌덴부르크 호를 만든 독일도 이 사실을 모르지 않았습니다. 그런데도 독일이 힌덴부르크 호에 들어갈 가스로 수소를 사용한 데에는 숨은 이야기가 있지요.

독일은 힌덴부르크 호를 만들면서 처음에는 헬륨을 넣기로 계획을 세웠습니다. 무엇보다 안전을 우선적으로 생각한 것이지요. 그런데 문제는 지구에 헬륨이 극히 적어서 그것을 얻기가 쉽지 않다는 점이었습니다.

헬륨은 공기와 방사선을 내는 광석과 천연가스에 적은 양이 들어 있습니다. 이 중에서 그나마 헬륨을 좀 더 많이 지니고 있는 것은 천연가스입니다. 그런데 당시의 독일은 천연가스가 풍부하지 못했을 뿐만 아니라, 천연가스에서 헬륨을 뽑아내는 시설을 갖추고 있지도 못했습니다.

물론 유럽의 다른 국가들도 사정이 다르지 않기는 마찬가지였지요. 당시에 헬륨 생산 기술을 갖추고 있는 나라는 미국이었지요. 미국은 캘리포니아와 텍사스 주에서 나오는 천연가스에서 헬륨을 뽑아내고 있었습니다.

그러니 힌덴부르크 호에 헬륨을 넣으려면 어떻게 해야 했을까요? 당연히 미국에서 헬륨을 사 와야 했지요. 그런데 문

제는 미국이 독일에 헬륨을 팔지 않으려 했다는 점입니다. 독일이 다시 전쟁을 일으켜서 비행선을 폭탄 투하에 이용할지도 모른다는 우려가 가장 큰 이유 중 하나였지요.

하지만 독일의 입장에서는 다 만들어 놓은 힌덴부르크 호를 그냥 놔둘 수는 없었습니다. 엄청난 돈을 투자해서 만든 비행선을 그냥 썩힌다는 건 경제적으로도 막대한 손실이었으니까요. 그래서 어쩔 수 없이 수소를 쓰게 되었다는 뒷이야기이지요.

수소는 물에 듬뿍 들어 있고, 뽑아내는 방법도 그다지 어렵지 않아서 얻는 데는 별 문제가 없답니다. 힌덴부르크 호가 헬륨을 썼다면, 끔찍한 폭발 사고는 일어나지 않았을 겁니다.

놀이 공원 같은 데서 산 풍선이 종종 폭발했다는 소식이 뉴스에 나오곤 하지요. 그게 다 풍선 속에 수소를 넣었기 때문입니다.

헬륨을 넣은 풍선은 절대 폭발을 하지 않아요. 위험한데도 풍선 가스로 헬륨을 사용하지 않고 수소를 사용하는 이유는 헬륨이 비싸기 때문입니다. 이제부터는 조금 더 비싸더라도 헬륨을 넣은 풍선을 꼭 사도록 하세요. 돈도 중요하지만, 그보다 더 귀한 게 사람의 생명이니까요.

지구에는 수소나 헬륨보다 산소가 월등히 많지요. 그러나 우주 전체에서 보면, 산소는 아주 적고 수소와 헬륨이 굉장히 많답니다. 우주에 무수히 많이 떠 있는 별들을 만드는 물질이 수소와 헬륨입니다. 하늘에 떠 있는 수많은 별들을 생각해 보세요. 우주에 수소와 헬륨이 엄청나게 많다는 증거가 분명해지지요.

만화로 본문 읽기

누가 체펠린 호를 만들었을까요? 정말 대단한 사람 같아요!
내가 바로 사람과 짐을 한꺼번에 실어 나른 최초의 항공기를 만들었단다.

우아, 정말이세요? 그때 이야기 좀 들려주세요.
체펠린 호는 1900년에 만든 성능이 우수한 엔진에 알루미늄으로 골격을 짠 대형 비행선이지. 난 최초의 항공사인 독일 비행선 주식회사도 차렸단다.
최초의 항공 회사라 활약도 대단했겠어요.
그렇단다. 제1차 세계 대전이 일어났을 때 전투에 참여하기도 했단다.

제1차 세계 대전이 끝나자 길이가 무려 250여 m나 되는 독일의 초대형 비행선 힌덴부르크 호가 등장했단다.
엄청나게 크네요.

그러나 힌덴부르크 호는 1937년 5월 미국의 레이크허스트 공항 격납고에서 폭발하고 말았지. 그야말로 생지옥 그 자체였단다.
도대체 원인이 뭐였나요?
수소 가스 때문이었단다. 수소는 가장 가벼운 기체라는 장점이 있는 반면, 쉽게 폭발하는 단점도 있지. 처음에는 헬륨을 넣기로 했었지만, 구하기가 어려워 수소를 넣었던 것이란다.
역시 무엇보다 안전이 가장 중요해요.
미국
독일
헬륨

과학자 소개

아르키메데스의 원리를 발견한 아르키메데스 Archimedes, B.C.287~B.C.212

아르키메데스는 기원전 287년 이탈리아의 남부 도시 시라쿠사에서 천문학자 피디아스의 아들로 태어났습니다. 아르키메데스의 이름은 '깊이 있게 생각하는 훌륭한 사람'이란 뜻입니다.

아르키메데스는 무세이온(Museion)에서 공부했습니다. 무세이온은 알렉산더 대왕이 기원전 3세기 초 알렉산드리아에 세운 것으로, 요즘으로 치면 대형 국립 연구소 겸 박물관 같은 곳입니다.

아르키메데스는 무세이온에서 수학자 코논(Conon, B.C. 444~B.C.394)에게 기하학을 배운 다음, 나선을 응용한 양수기를 발명했습니다. 이것은 '아르키메데스의 나선'이라 불리며 오늘날에도 쓰이고 있습니다.

이후 아르키메데스는 공부를 마치고 조국으로 돌아와 물리학, 수학, 공학 등에서 탁월한 업적을 남겼습니다. 특히 지렛대의 원리는 매우 유명합니다. 아르키메데스는 기다란 지레와 그것을 놓을 만한 곳만 있으면 지구도 들어 올릴 수 있다고 말했습니다.

또 왕의 금관에 위조물이 섞여 있음을 감정하여 금관이 위조품인 것을 밝혔습니다. 그는 이 원리를 응용하여 유명한 '아르키메데스의 원리'를 발견하였습니다.

아르키메데스는 신형 무기를 고안하여 자신의 조국 시라쿠사를 침공하는 로마군을 괴롭혔습니다. 그러나 로마의 등등한 기세를 아르키메데스 혼자서 끝까지 막을 수는 없었습니다. 시라쿠사가 무너지던 날 아르키메데스는 모래에 도형을 그리고 있다가 로마 병사가 휘두른 칼에 찔려 죽었습니다.

과학 연대표

언제, 무슨 일이?

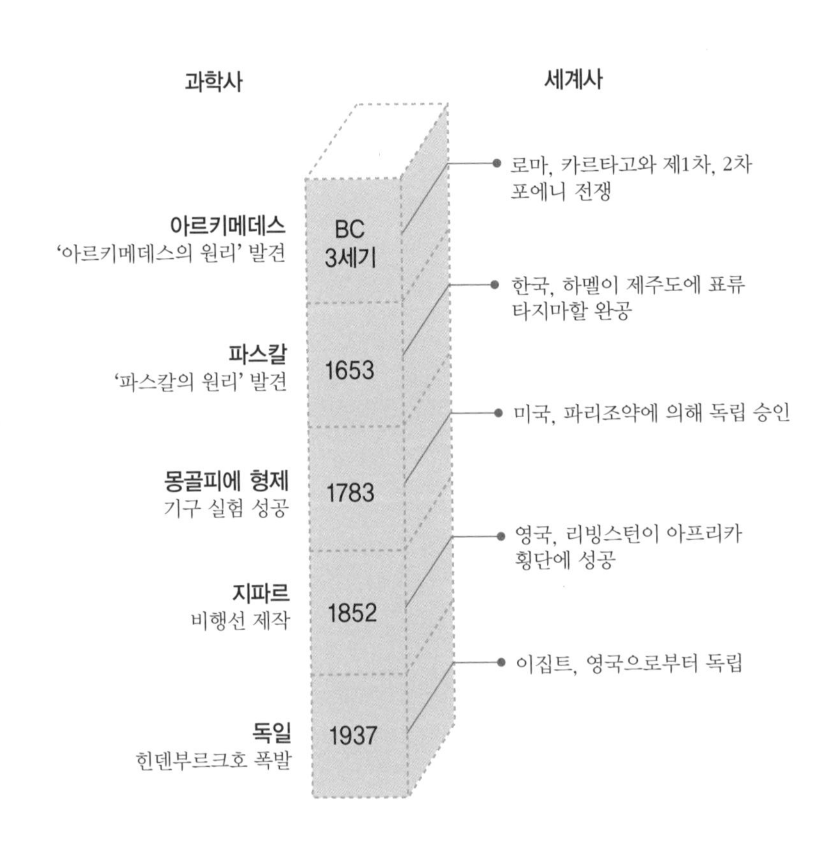

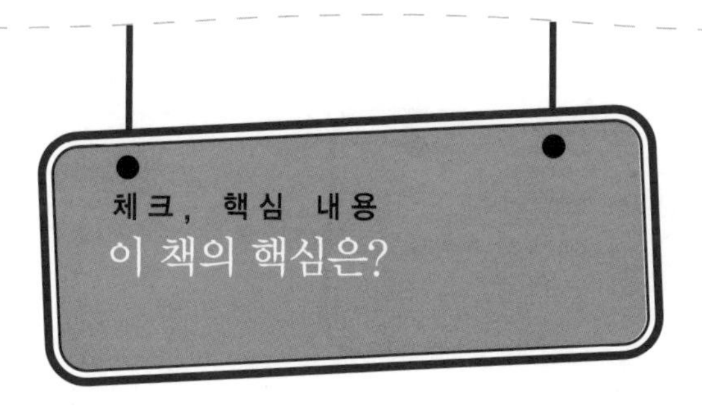

1. 부력은 아래에서 위로 작용하는 힘이고, □□ 은 위에서 아래로 작용하는 힘입니다.
2. 모양이 □□□ 한 물체의 부피는 물이 가득 찬 수조에 넣어 흘러넘친 물의 부피를 측정하면 됩니다.
3. □□ 는 얼마나 빽빽한가를 표시하는 성질입니다.
4. 기체와 액체를 통틀어 □□ 라고 합니다.
5. □□□ 의 원리는 유체의 한 곳을 누른 압력은 모든 곳, 모든 방향으로 그대로 전달된다는 것입니다.
6. 기구에는 □ 기구와 □□ 기구가 있습니다.
7. □□ 는 가장 가벼운 기체이면서 폭발할 위험이 큰 물질입니다.

1. 중력 2. 불규칙 3. 밀도 4. 유체 5. 파스칼 6. 열, 가스 7. 수소

이슈, 현대 과학

플라스마와 핵융합

원자는 전자와 원자핵으로 이루어져 있습니다. 전자는 원자핵에 붙들려 있지만, 에너지만 주면 얼마든지 원자핵으로부터 떨어져 나갈 수 있습니다. 이러한 전자가 자유 전자입니다.

원자핵은 전기적으로 중성입니다. 음의 전하를 갖는 전자와 원자핵 속의 양의 전하를 갖는 양성자의 개수가 같기 때문입니다. 원자핵에서 전자가 떨어져 나가면 수적으로 양성자가 우세해져서 양의 상태가 됩니다. 이것을 양이온이라고도 합니다. 원자가 전자와 양이온으로 나누어져서 존재하는 상태를 '플라스마' 라고 합니다.

지구에서 플라스마 상태는 흔하지 않지만, 태양은 플라스마가 흔합니다. 핵융합 반응은 수천만 ℃의 환경이 조성되어야 합니다. 높은 온도의 태양 내부에서는 수소가 합쳐져서 에너지를 내놓는 핵융합 반응이 쉼없이 일어나고 있습니다. 수천만 ℃의 온도에서 수소 원자는 전자와 수소 이온으로 분리되는 플라스마가 됩니다. 태양 내부가 플라스마로 가득한 이유입니다.

핵융합은 핵분열과는 다른 핵반응입니다. 원자력 발전으로 대변되는 핵분열 발전은 방사선 문제가 큰 골칫거리입니다. 왜냐하면 우라늄 같은 방사선 물질을 원료로 사용하기 때문입니다.

그러나 핵융합 발전은 방사선 오염을 걱정할 필요가 없습니다. 사용 원료가 방사선 물질이 아니라 수소이기 때문입니다. 수소는 지구에 매우 많습니다. 지구의 3분의 2를 차지하는 물의 구성 원소가 수소이기 때문입니다. 원료 걱정도 없고, 공해 문제도 없는 에너지를 핵융합에서 얻을 수 있는 겁니다.

이런 핵융합 발전을 하기 위해 갖추어야 할 조건이 플라스마 상태를 만들어 계속 유지하는 것입니다. 핵융합의 실용화를 위해서 많은 과학자들이 불철주야 노력하고 있습니다.

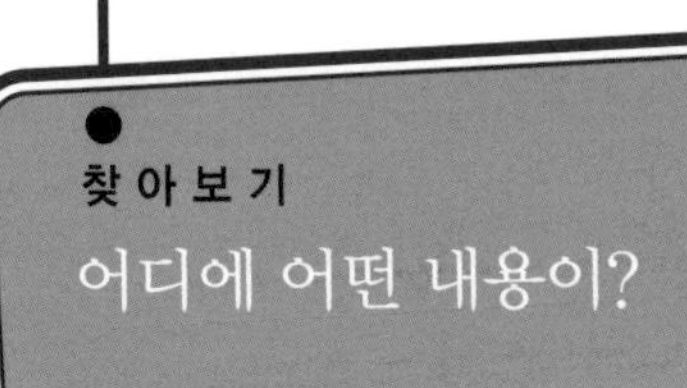

ㄱ

가스 기구 127, 147

갈릴레이 48

곤돌라 142

공기 92, 133, 145

공전 18

군함 84

기체 91, 106, 125, 134

ㄴ

뉴턴 33, 36

ㄷ

달걀 82

ㄹ

레오나르도 다 빈치 108

르네상스 108

ㅁ

몽골피에 형제 108, 123

물 14, 67, 79, 119, 134

물의 무게 29

밀도 68, 81, 84

ㅂ

부력 16, 81, 105

부력의 원리 85

부피 58, 77, 80, 85, 134

부피 계산 63

비행선 142, 153

ㅅ

사고 실험 12

산소 125, 132
샤를의 법칙 134
수소 126, 132, 149, 158
수은 67, 81

ㅇ

아르키메데스 16, 46, 78
아르키메데스의 원리 52
아인슈타인 12
알짜힘 33
압력 28
액체 91, 106, 119
에너지 보존 법칙 100
N 33
열기구 123, 134, 145, 147
유레카 42, 51, 75
유선형 146
유압 잭 97
유체 92, 105, 119
유체 역학 93
이산화탄소 132

ㅈ

자전 18
저항 145
중력 18, 26
증기 엔진 142
지구 중심 18

ㅊ

체펠린 호 155

ㅍ

파스칼의 원리 93, 96, 98
프로펠라 142

ㅎ

헬륨 126, 132, 149, 158
힌덴부르크 호 156
힘(동력) 142